新版

数学的思考の構造

発見的問題ストラテジー

塚原 成夫 著

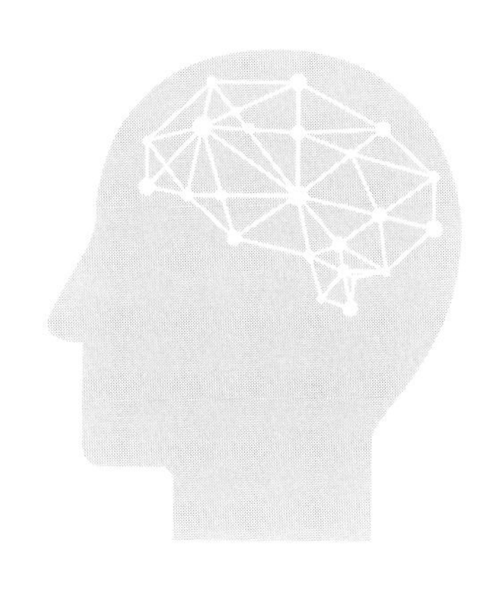

現代数学社

序

この本は現役の数学教師，数学教師を目指す者および問題解決に関心のある大学生，そして意欲的な高校生等を対象とする，問題解決ストラテジーについての解説書です．

数学教育の目的について，人によって主張することは様々です．しかし数学の問題を通して，生徒に考えることに親しませることを目的の一つとして取り上げることに対して異論を唱える人はいないと思います．

ところで生徒に問題を課するならば，それで上記の目的が達成できるというわけではありません．考え方の身についていない彼らの多くは，問題を前にして，無為に空白の時間を費やすだけとなるからです．

問題解決における考え方のコツをストラテジーとして教授することにより，生徒が数学的に考える手助けをしようということが本書の目的です．またストラテジー研究が目標とするところであります．（なおストラテジーの訳語には「戦略」ではなく，「方略」をあてるのが一般的です．）

ところでストラテジーと称されるものはどの位あるのでしょうか．人によっては細かく分析することで，何十，何百とあると主張します．しかしそれでは生徒の立場からすると，たまったものではありません．

集約するという方向でストラテジーを分析すると，中等教育を対象とするならば，14 個位にまとめあげられるというのが筆者の主張です．この本ではそうした 14 個のストラテジーを紹介します．

本書の構成は次の通りです．

14の章毎に一つずつストラテジーを解説します．第15章には，問題解決することに関心を持っている読者のために演習題を用意しました．また巻末に補足事項をAppendixとして4つ取り上げています．

本書は塚原（1994）と異なり，学習指導要領に対する配慮は払っていません．一部の問題は大学初年度程度の知識を必要とします．授業時における教材は，教授者自身の創意工夫によるべきと考えるからです．本書がその際のヒントとなりえれば幸いです．

出版に際しては現代数学社並びに富田栄氏に大変お世話になりました．また校正に関して，塚原秀彦氏に多大なる協力をして頂きました．ここに改めて感謝の意を表わす次第です．

1999年初冬　　　　塚原成夫

新版によせて

初版が発刊されてから，はや20年以上も経過しました．今回，誤植等や最低限の変更のみ行いましたが，ストラテジーは問題解決における取り組み方，ちょっとしたコツを教示することを主な目的としています．紀元前より続く数学の歴史の中で同定されてきた内容が，20年という時の経過で陳腐化することはありません．新版も，現教員，将来教師を目指す人に役立って頂けたらと願う次第です．

なお今回，同僚である﨑山理史氏より誤植等々，多々の指摘を頂きました．ここに感謝する次第です．

2022年2月　　　　塚原成夫

目次，構成について

第1章　後ろ向きにたどる

この章では「後ろ向きにたどる」というストラテジーを利用して，ストラテジーの説明を始めます．

まず次の問題とその解答を見て下さい．

問題１－１　鋭角三角形 ABC の各辺の長さを，$BC=a$, $CA=b$, $AB=c$ とする．いま各頂点から対辺へ下ろした垂線をそれぞれ AL, BM, CN とし，その交点を H とする．このとき，次の式を証明せよ．

$$AH=\frac{a}{\tan A},\quad BH=\frac{b}{\tan B},\quad CH=\frac{c}{\tan C}$$

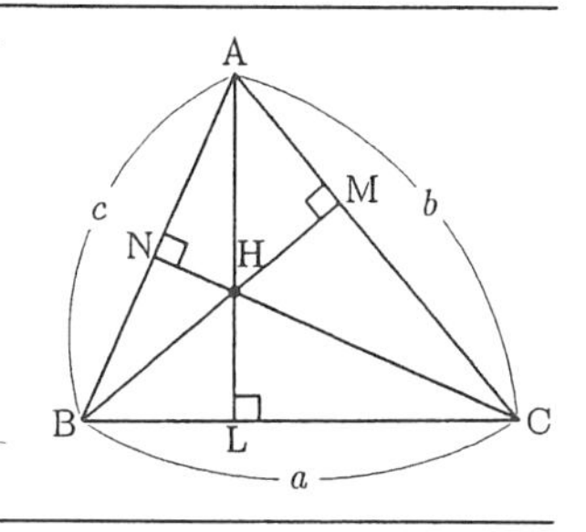

（解答例）　$\triangle ABC=\frac{1}{2}a\cdot AL=\frac{1}{2}b\cdot BM$ より……①

$$\frac{BM}{a}=\frac{AL}{b}=\cos\angle LAC=\frac{AM}{AH}\ \cdots\cdots②$$

$$\therefore\quad \frac{BM}{a}=\frac{AM}{AH}\Leftrightarrow\frac{BM}{AM}=\frac{a}{AH}\ \cdots\cdots③$$

よって　$\tan A=\frac{a}{AH}$，　即ち $AH=\frac{a}{\tan A}$

同様にして，$BH=\frac{b}{\tan B}$, $CH=\frac{c}{\tan C}$

自分で解こうとすると結構苦労するのに解答を見るとあっけなく終わっています．

この問題は市販の問題集より採用したものです．教師がマニュアルにある解答例に従って，上例のように板書したらどのような事になるでしょうか．生徒は鮮やかなものだと思い，何となく感心してノートに書き写すということになるでしょう．それは演習授業の多くに共通している授業風景だと思います.

でもちょっと待って下さい. 結論の式, $\mathrm{AH} = \dfrac{a}{\tan A}$ より何故, ①のように△ABCの面積の式がいきなり飛び出してくるのでしょうか. こうした疑問を感じるならば, また生徒は感じるべきなのですが, 解答例に従った解説というのは「代数的離れ技」,「急場しのぎの解決策」といった感をまぬがれません. 解答例には各式を思いつく動機が現れていないからです.

実は, 前述の解答例というのは, ストラテジーの一つである「後ろ向きにたどる (work backwards)」の考え方による分析をおこなって結論を得た後に, 推敲することによって初めて得られた答案なのです.

具体的に説明すると以下のようになります.

結論の式である, $\mathrm{AH} = \dfrac{a}{\tan A} \Longleftrightarrow \tan A = \dfrac{a}{\mathrm{AH}}$ を見ていても良いアイデアは浮かびません.

辺のみの関係に直すべく $\tan A$ に注目すると, $\tan A = \dfrac{\mathrm{BM}}{\mathrm{AM}}$ の関係式が見えてきます. 即ち, $\mathrm{AH} = \dfrac{a}{\tan \mathrm{A}} \Longleftrightarrow \tan A = \dfrac{a}{\mathrm{AH}} \Longleftrightarrow \dfrac{\mathrm{BM}}{\mathrm{AM}} = \dfrac{a}{\mathrm{AH}}$ です.

最後の式を見ると解決に向かって前進した感はあるけれど解決への道は見通せません. そこで最後の式より図形的意味が現れるべく式変形の努力をするならば自然と, $\dfrac{\mathrm{BM}}{\mathrm{AM}} = \dfrac{a}{\mathrm{AH}} \Longleftrightarrow \dfrac{\mathrm{BM}}{a} = \dfrac{\mathrm{AM}}{\mathrm{AH}} = \cos\angle\mathrm{HAM}$ に行きあたります.

ここで $\angle\mathrm{HAM} = \angle\mathrm{LAC}$ に注目すると,

$$\text{結論の式,}\quad \mathrm{AH} = \frac{a}{\tan A} \Longleftrightarrow \frac{\mathrm{BM}}{a} = \cos\angle\mathrm{LAC} = \frac{\mathrm{AL}}{b}$$

を示せばよいこととなります.

ここまでくると, $a\cdot\mathrm{AL} = b\cdot\mathrm{BM} = 2\triangle\mathrm{ABC}$ の関係式を発見することは困難ではありません. そこで,

$$\mathrm{AH} = \frac{a}{\tan A} \Longleftrightarrow \frac{\mathrm{BM}}{a} = \frac{\mathrm{AL}}{b} \Longleftrightarrow \frac{1}{2}a\cdot\mathrm{AL} = \frac{1}{2}b\cdot\mathrm{BM} = \triangle\mathrm{ABC}$$

となり解決できました. 以上の考え方を図式化すると次の図1－1になります.

（図1－1）「後ろ向きにたどる」による分析

$$\frac{1}{2}a\cdot \mathrm{AL}=\frac{1}{2}b\cdot \mathrm{BM}=\triangle \mathrm{ABC} \quad \longleftarrow \text{成立}$$

$$\Updownarrow$$

$$\frac{\mathrm{BM}}{a}=\frac{\mathrm{AL}}{b}=\cos\angle \mathrm{LAC}=\frac{\mathrm{AM}}{\mathrm{AH}}$$

$$\Updownarrow \quad \cdots\cdots\cdots\cdots\text{Ⓒ}$$

$$\frac{\mathrm{BM}}{a}=\frac{\mathrm{AM}}{\mathrm{AH}}=\cos\angle \mathrm{HAM}$$

$$\Updownarrow \quad \cdots\cdots\cdots\cdots\text{Ⓑ}$$

$$\frac{\mathrm{BM}}{\mathrm{AM}}=\frac{a}{\mathrm{AH}}$$

$$\Updownarrow \quad \cdots\cdots\cdots\cdots\text{Ⓐ}$$

$$\tan A=\frac{a}{\mathrm{AH}}$$

$$\Updownarrow$$

$$\mathrm{AH}=\frac{a}{\tan A}$$

こうして初めて，（解答例）における式①，②，③がどこから飛び出してきたのか，その動機も明らかとなり，（解答例）もピッタリとくるのです．

このように，結論から遡ってたどっていく目標分析の考え方を「後ろ向きにたどる」のストラテジーといいます．

数学的な考え方の特徴の一つとして，「目的を指向しての思考」という点をあげることができます．

結論を得るにはどういう式を証明したらよいか．またその式を証明するにはどういう式を証明したらよいか．

……………………………………………

……………………………………………

と同様の議論をくり返して最終的に，仮定や条件に結びつけようとする「後ろ向きにたどる」のストラテジーは問題解決において上述の数学的な考え方の特徴を具体化するものです．

このように，問題解決における数学的な考え方を表現するものをストラテジー（strategy）といいます．訳語としては「方略」をあてるのが一般的です．

この本はこうしたストラテジーについて，例題を中心にして解説します．

ところでストラテジーの数はどの位あるのでしょうか．人によっては細かく分類して何十，何百もあると主張します．しかしそれでは利用する立場の者からしてみれば，たまったものではありません．逆にまとめあげるという方向で分析すると，中等教育に限るならば，14 個位になるというのが筆者の考えです．

以下「14」のストラテジーについて解説するのですが，先に進む前にもう少し「後ろ向きにたどる」のストラテジーについて調べることにします．

なおここで強調しておきたいことは，ストラテジーは解決過程を理想的には，決してアルゴリズム化，ルーチンワーク化するものではないということであります．

ストラテジーに従おうとも解決者自身になお考える余地，発見的要素が残されているのです．

図１－１を例にとると，「後ろ向きにたどる」に従って自動的にⒶ，Ⓑ，Ⓒと遡っているわけではありません．既に解説したように，得られた式を前にして順々と考えぬいた末に得られた一つの道筋なのです．

例えばⒶにおいて，$\tan A = \dfrac{\sin A}{\cos A}$ と置換することを思いついたとしましょう．すると以下のような全く別の道筋をたどって解決することとなります．

$AH = \dfrac{a}{\tan A} \Leftrightarrow \mathrm{AH} = \dfrac{a\cos A}{\sin A}$ を示せばよい．

式の形より正弦定理の利用を思いつきます．図を眺めていると，

$c\cos A = \mathrm{AM}$ の関係が見えてきます．そこで $\dfrac{a}{\sin A} = \dfrac{c}{\sin C}$ より，$\mathrm{AH} = \dfrac{a}{\tan A} \Leftrightarrow \mathrm{AH} = \dfrac{c\cos A}{\sin C} = \dfrac{\mathrm{AM}}{\sin C}$ となります．ここまでくれば $\mathrm{AM} = \mathrm{AH} \cdot \cos\angle\mathrm{LAC} = \mathrm{AH} \cdot \cos(90^\circ - C) = \mathrm{AH} \cdot \sin C$ の関係式を見出すことは困難ではないでしょう．結局次のように，図1－1とは全く異なる思考チャートとなります．

（別解例）

$$\mathrm{AH} = \frac{a}{\tan \mathrm{A}} \Longleftrightarrow \mathrm{AH} = \frac{a\cos \mathrm{A}}{\sin \mathrm{A}} \text{ を示せばよい．}$$

$$\Longleftrightarrow \mathrm{AH} = \frac{c\cos \mathrm{A}}{\sin \mathrm{C}} \text{ を示せばよい．}$$

$$\Longleftrightarrow \mathrm{AH} = \frac{AM}{\sin \mathrm{C}} \text{ を示せばよい．}$$

$\mathrm{AM} = \mathrm{AH}\cos\angle\mathrm{LAC} = \mathrm{AH}\cos(90^\circ - C) = \mathrm{AH}\sin C$ より最後の式は成立するので O.K.

話をもとに戻しますと，このようにストラテジーは理想的には問題解決者が進むべき正しい方向を示唆するだけで解決過程全体をアルゴリズム化するわけではありません．問題解決者はストラテジーを利用して考えぬくことが要求されています．ここに教育的価値があるということです．

次のストラテジーに進む前に，もう少し「後ろ向きにたどる」について調べることとします．

問題1－2

$\triangle$ABC は $\angle A = 60^\circ$ の三角形とする．$\angle B$，$\angle C$ の二等分線となるように辺AC，AB上に点D，Eをとる．さらにBD＝BF，CE＝CGとなるような点F, Gが辺AB, AC上にそれぞれ存在するものとする．

このとき，FG // BC を証明せよ．

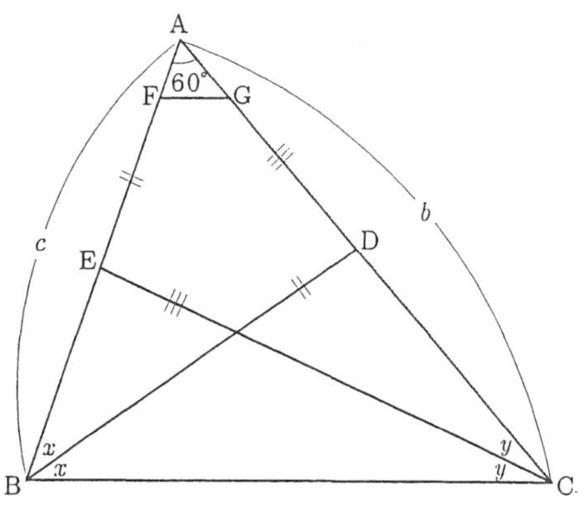

仮定，BD = BF，CE = CG より，平行関係を辺の比に読み直すことを考えると，

FG // BC $\Longleftrightarrow \dfrac{\mathrm{BF}}{\mathrm{BA}} = \dfrac{\mathrm{CG}}{\mathrm{CA}} \Longleftrightarrow \dfrac{\mathrm{BD}}{c} = \dfrac{\mathrm{CE}}{b}$ を示すという方針が見えてきます．仮定を上手に利用できている感じがするので，正しい方向に遡っている確信がもてます．

正弦定理および BD，CE はそれぞれ BC を共通とする△DBC と△EBC の一辺であることより，最後の式は次のように変形したくなります．

$$\frac{\mathrm{BD}}{c} = \frac{\mathrm{CE}}{b} \Longleftrightarrow \frac{\mathrm{BD}}{\mathrm{CE}} = \frac{c}{b} = \frac{\sin 2y}{\sin 2x}$$

結局，$\dfrac{\mathrm{BD}}{\mathrm{CE}} = \dfrac{\sin 2y}{\sin 2x}$ ……(*) を示せばよいこととなりました．左辺に正弦定理を適用すれば成立しそうな見通しが何となく得られることでしょう．

$\dfrac{\mathrm{BD}}{\sin 2y} = \dfrac{\mathrm{BC}}{\sin \angle \mathrm{BDC}}$，$\dfrac{\mathrm{CE}}{\sin 2x} = \dfrac{\mathrm{BC}}{\sin \angle \mathrm{BEC}}$，$\angle \mathrm{BDC} = 180^\circ - (x + 2y)$，

$\angle \mathrm{BEC} = 180^\circ - (2x + y)$ より，

$$\mathrm{BD} = \frac{\mathrm{BC} \sin 2y}{\sin (x + 2y)},\quad \mathrm{CE} = \frac{\mathrm{BC} \sin 2x}{\sin (2x + y)}$$

（*）の式とにらみ合わせ，結局 $\sin (x + 2y) = \sin (2x + y)$ を示せばよいこととなります．

仮定，$\angle A = 60^\circ$ がまだ利用されていないことに気付くならば以下の関係式を発見することは易しいことでしょう．

$\angle A = 60^\circ$ より $\angle B + \angle C = 2x + 2y = 120^\circ$

$\therefore \quad 3x + 3y = 180^\circ$

$(x + 2y) + (2x + y) = 3x + 3y = 180^\circ$ より $\sin (x + 2y) = \sin (2x + y)$

そこで $\dfrac{\mathrm{BD}}{\mathrm{CE}} = \dfrac{\sin 2y}{\sin 2x}$ が示されたこととなります．

以上，２つの例題によって，「後ろ向きにたどる」の考え方に慣れたことと思います．注意深く結論から逆に見ることが暗黙の前提をあばきだす可能性を増すということです．もう少し例題を続けますので良かったら演習してみて下さい．

問題1－3

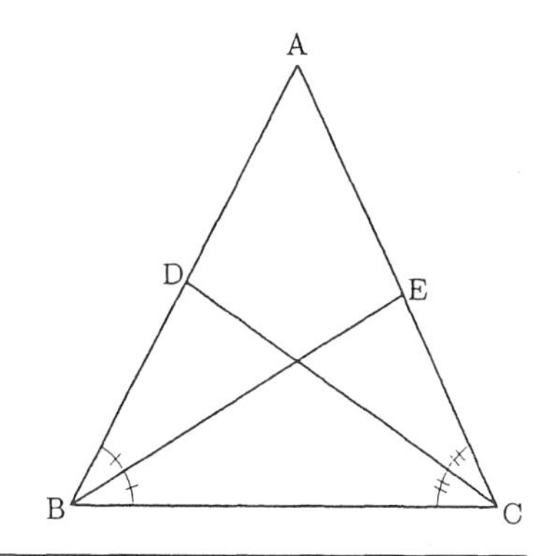

△ABCにおいて，　BC $= a$, CA $= b$, AB $= c$ とする．AB, AC 上に点 D, E を $\angle C$, $\angle B$ を二等分するようにとる．

BE＝CDならばAB＝AC

が成立することを，BE, CD を a, b, c で表す方針で示せ．

いわゆるレームス・シュタイナー問題を，辺の関係に置き直して証明するということです．

内角の二等分線の定理により，

$$\mathrm{AE} = \mathrm{AC} \times \frac{\mathrm{AB}}{\mathrm{AB}+\mathrm{BC}} = \frac{bc}{c+a}$$

同様にして，$\mathrm{AD} = \dfrac{cb}{b+a}$

$$\begin{aligned}
\mathrm{BE}^2 &= \mathrm{AB}^2 + \mathrm{AE}^2 - 2\mathrm{AB}\cdot\mathrm{AE}\cos\mathrm{A} \\
&= c^2 + \left(\frac{bc}{c+a}\right)^2 - 2c\cdot\frac{bc}{c+a}\cdot\frac{b^2+c^2-a^2}{2bc} \\
&= \frac{c}{(c+a)^2}\left\{c(c+a)^2 + b^2c - (c+a)(b^2+c^2-a^2)\right\} \\
&= \frac{c}{(c+a)^2}\left\{(c+a)(a^2+ac-b^2) + b^2c\right\} \\
&= \frac{c}{(c+a)^2}\left\{a(c+a)^2 - ab^2\right\} \\
&= \frac{ca}{(c+a)^2}(a+b+c)(a+c-b)
\end{aligned}$$

b と c を交換して，

$$\mathrm{CD}^2 = \frac{ba}{(b+a)^2}(a+b+c)(a+b-c)$$

$$\begin{aligned}
\mathrm{BE}^2 = \mathrm{CD}^2 &\iff \frac{ca}{(c+a)^2}(a+b+c)(a+c-b) = \frac{ba}{(b+a)^2}(a+b+c)(a+b-c) \\
&\iff c(b+a)^2(a+c-b) = b(c+a)^2(a+b-c) \qquad \cdots①
\end{aligned}$$

となります．示すべき結論は$b=c$ですから逆向きに考えて，①の式を$(b-c)\times f(a,\ b,\ c)=0$の形に変形すれば良いという見通しが得られます．そこで①式において，$b-c$をくくり出すべく次のように変形していくこととなります．

①より，$ca(b+a)^2-c(b+a)^2(b-c)=ba(c+a)^2+b(c+a)^2(b-c)$

左辺を右辺に移項して，

$$\left\{b(c+a)^2+c(b+a)^2\right\}(b-c)+a\left\{b(c+a)^2-c(b+a)^2\right\}=0$$

$$\left\{b(a+c)^2+c(a+b)^2\right\}(b-c)+a\left\{a^2(b-c)-bc(b-c)\right\}=0$$

$$\left\{b(a+c)^2+c(a+b)^2+a^3-abc\right\}(b-c)=0$$

$$\left\{b(a+c)^2+ca^2+cb^2+abc+a^3\right\}(b-c)=0$$

中カッコの中の式$\neq 0$より，$b-c=0$

よって$b=c$が示されたこととなります．

なお参考として，レームス・シュタイナー問題の平面幾何による証明の一例をappendix Cにのせておきました．

次の問題も初めは順思考的(work forwards)に進みますが，最後のステップにおいて「後ろ向きにたどる」ことを利用しないと自然な理解の得られにくい問題です．

問題1―4

原点中心の円周上に，5つの点がある．このうちの3点からなる三角形の重心から，残り2点を通る直線へ下した10本の垂線はある定点を通ることを示せ．

5つの点の位置ベクトルを$\overrightarrow{x_i}$ $(1\leq i\leq 5)$とします．

そのうちの3点，$\overrightarrow{x_i},\ \overrightarrow{x_j},\ \overrightarrow{x_k}$の作る三角形の重心の位置ベクトルは$\dfrac{\overrightarrow{x_i}+\overrightarrow{x_j}+\overrightarrow{x_k}}{3}$です．

また点 $\overrightarrow{b}$ を通り，直線の法線ベクトルが $\overrightarrow{a}$ で与えられる直線のベクトル方程式は $(\overrightarrow{a},\ \overrightarrow{x}-\overrightarrow{b})=0$ です．

残りの他の2点 $\overrightarrow{x_\ell},\ \overrightarrow{x_m}$ を結ぶ直線の方向ベクトルは $\overrightarrow{x_\ell}-\overrightarrow{x_m}$ であり，このベクトルが垂線の法線ベクトルとなっています．

そこで重心を通る垂線の直線は

$$\left(\overrightarrow{x_\ell}-\overrightarrow{x_m},\ \overrightarrow{x}-\frac{\overrightarrow{x_i}+\overrightarrow{x_j}+\overrightarrow{x_k}}{3}\right)=0 \quad \cdots①$$

で表されます．

$i,\ j,\ k,\ \ell,\ m$ のとり方によって，式①は ${}_5C_2=10$ 本の直線を表わします．

最後のステップとして，①式の $i,\ j,\ k,\ \ell,\ m$ の如何にかかわらず，ある定点の位置ベクトルが①式の $\overrightarrow{x}$ をみたすことを示せばよいこととなりました．

結論および仮定 $|\overrightarrow{x_i}|=|\overrightarrow{x_j}|=|\overrightarrow{x_k}|=|\overrightarrow{x_\ell}|=|\overrightarrow{x_m}|$ をにらみあわせることにより，$\overrightarrow{x}=\dfrac{\overrightarrow{x_i}+\overrightarrow{x_j}+\overrightarrow{x_k}+\overrightarrow{x_l}+\overrightarrow{x_m}}{3}$ が必ず①式をみたすことが発見できます．そこで10本の垂線は定点，

$$\frac{\overrightarrow{x_i}+\overrightarrow{x_j}+\overrightarrow{x_k}+\overrightarrow{x_\ell}+\overrightarrow{x_m}}{3}=\frac{\overrightarrow{x_1}+\overrightarrow{x_2}+\overrightarrow{x_3}+\overrightarrow{x_4}+\overrightarrow{x_5}}{3}$$

を通ることが示されたことになります．

「後ろ向きにたどる」は結論の式が与えられる証明問題において特に有効であることが，以上の例題から理解できます．幾何の問題においても利用できる場面が多いということです．

問題1—5

鋭角三角形 ABC において，B から AC に下した垂線の足を D, AC を直径とする円との交点を P, Q とする．同様に，C から AB に下した垂線の足を E, AB を直径とする円との交点を M,N とする．このとき，

4点 P, Q, M, N は同一円周上に存在することを証明せよ．

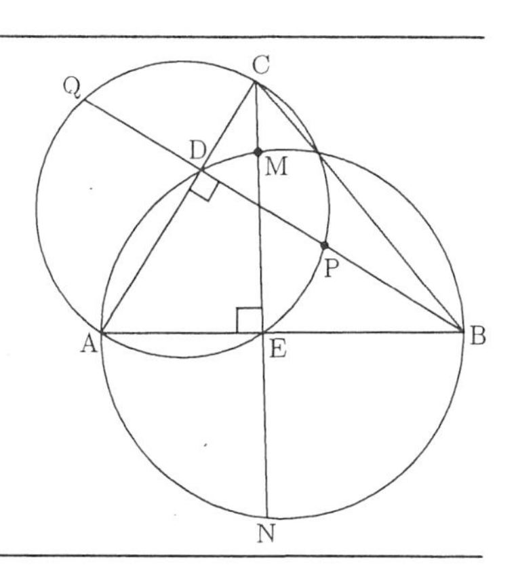

図を眺めていると，直径 AC⊥PQ，直径 AB⊥MN より，PD=QD，ME=EN の関係，即ち AC, AB がそれぞれ PQ, MN の垂直二等分線となっていることが目につきます．

結論，「４点 P, Q, M, N は同一円周上に存在する」より逆算してつきあわせるならば，円の中心は P, Q から等距離なので，PQ の垂直二等分線である AC 上，同様にして，MN の垂直二等分線である AB 上に存在することとなります．よって円の中心の候補は交点である点 A に限られることとなります．

AP=AQ，AM=AN ですから，AP=AM を示せば証明が終了します．

図１－５－１

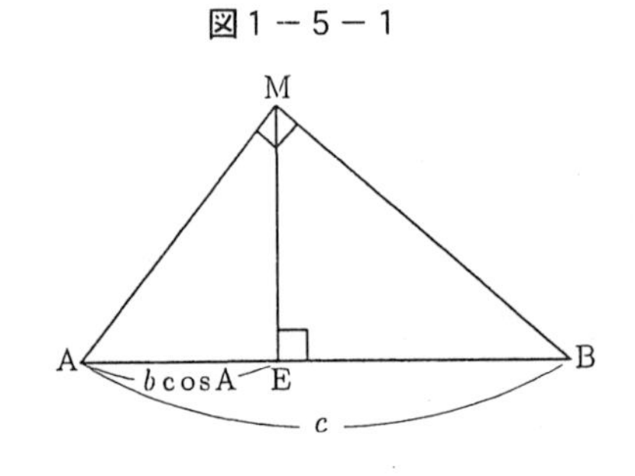

図１－５－２

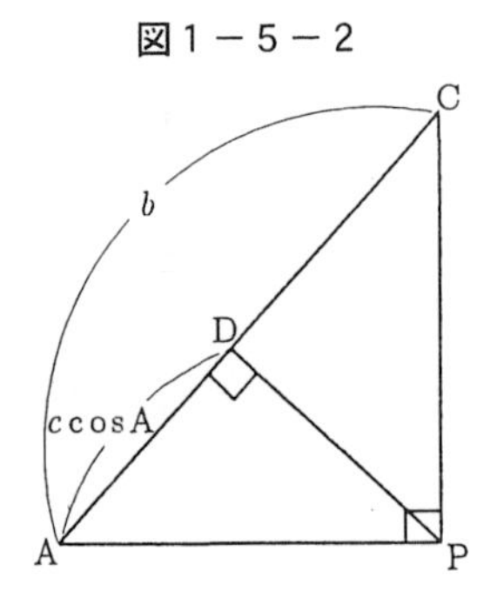

図１－５－１より，$\dfrac{\mathrm{AM}}{\mathrm{AE}}=\dfrac{\mathrm{AB}}{\mathrm{AM}}$

$$\therefore\quad \mathrm{AM}^2=\mathrm{AB}\cdot\mathrm{AE}=bc\cos\mathrm{A}$$

同様にして，図１－５－２より

$$\mathrm{AP}^2=\mathrm{AC}\cdot\mathrm{AD}=bc\cos\mathrm{A}$$

よって AP=AM が成立して証明されました．

解けたものとして，逆向きに考えて，AP=AM の成立を示せばよいことを発見することがポイントでした．

同様にして，幾何の作図問題においては，作図できたものとして，完成図らしきものを描き，そこから逆向きに考えることが有力な方策となります．

問題1―6

四角形 ABCD は AB<BC の長方形とする．BC 上に点 X, Y を，AX=XY=YD となるように作図せよ．

図1－6－1

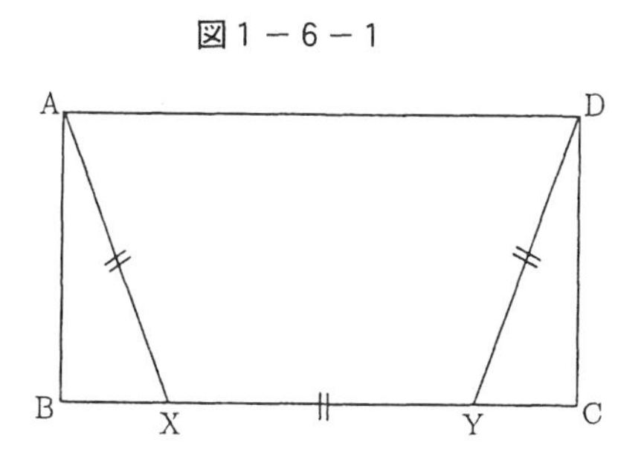

作図できたものとして，それらしき図を描き，考えることとなります．（図1－6－1）

しかし良いアイデアは浮かびません．あまりに図がスカスカしすぎているからです．

そこで補助となる点，図形を書き入れる努力をします．BC および XY の中点Mに着目すると，AX:XM=2：1 に気付きます．点 X は BC 上で，A および M までの距離の比が 2:1 となる点ということになります．（図1－6－2）

図1－6－2

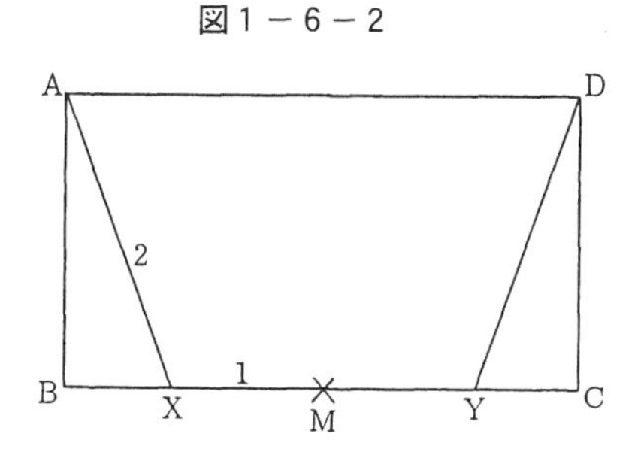

距離の比ということで，アポロニウスの円という知識を思い出せばそれで十分です．線分 AM を 2：1 に内外分する点 E, F を直径の両端とする円を描き，BC との交点を X とすればよいのです．（図1－6－3）

図1－6－3

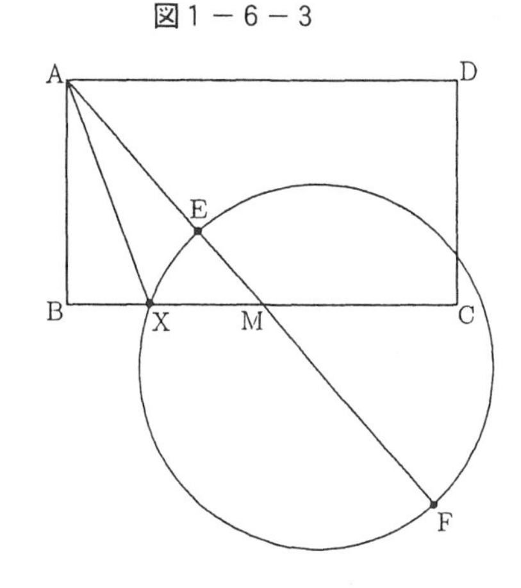

Y は同様なので略します．

この問題ではアポロニウスの円という知識を利用しました

ここで知識とストラテジーの関係についてふれておきます．

結論から言いますと，考え方を表現するストラテジーは知識の代わりの役目を果たすことはできません．人は「無」の状態において考えることはできないからです．ストラテジーは知識の活用の仕方を教えるものなのです．

ストラテジーを活用できるには知識を有することが前提です．中等教育の視点に立てば，将来に役立つ知識を教えて，生徒にしっかりと身に付けさせることがやはり大切なのだということです．

話をもとに戻し，解けたものとして，逆向きに考える考え方は幾何の問題に適用が限られるわけではありません．次の２題はそういう例です．

問題１－７

xy 平面上の２点 A(3, 7)，B(5, 3) にそれぞれ球がある．いま点 A の球を打ち出して，y 軸の正の部分および x 軸の正の部分と二度反射させて点 B の球にあてることを考える．どの方向に打ち出したらよいか求めよ．

できたものとして理想的な図を書き，それを考えることの出発点とします．（図１－７－１）

すると多くの人は似た問題を解いたという経験を思い出すでしょう．

点 B の x 軸対称の点である B′，さらに B′ の y 軸対称の点 B″ を案出した図１－７－２を作図することにより，AB″ が打ち出すべき方向となります．簡単な計算によって，

$$\mathrm{AB''}: y = \frac{5}{4}x + \frac{13}{4}$$

と求まり，y 切片 $\left(0,\ \frac{13}{4}\right)$ に向かって打ち出せばよいこととなります．

図１－７－１

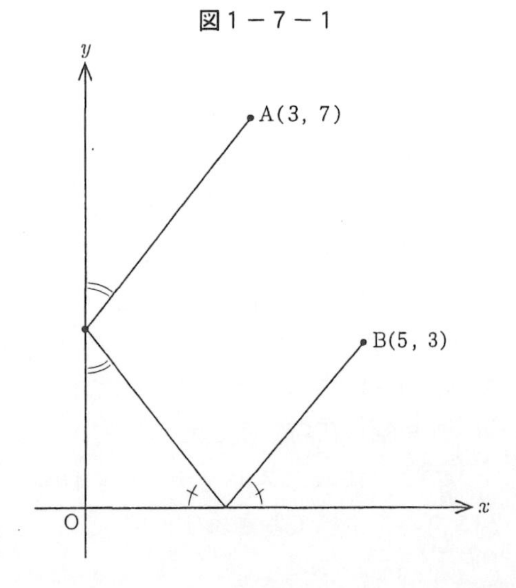

図1－7－2

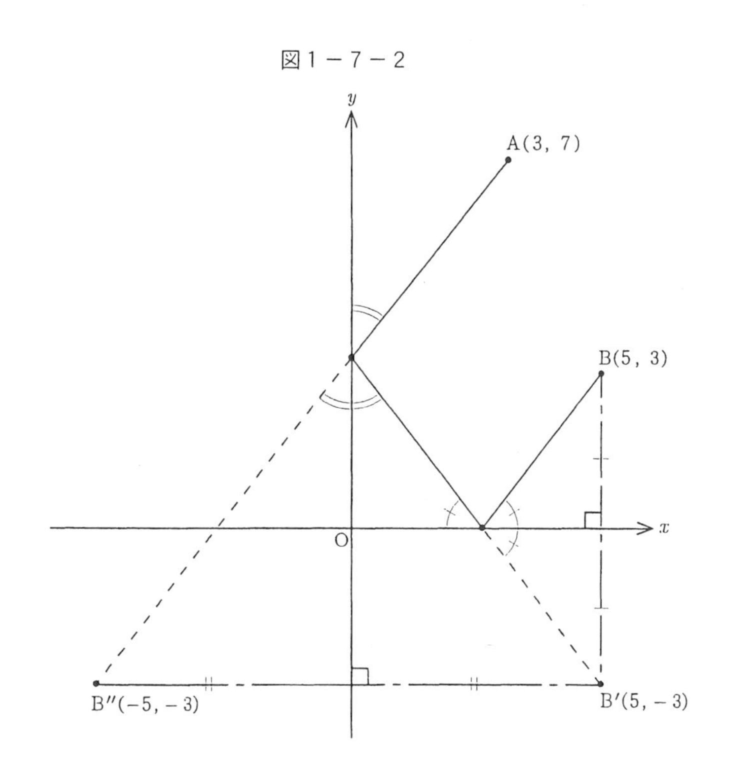

問題1－8

数列$\{a_n\}$に対して，数列$\{b_n\}$はその階差数列とする．

（1）数列$\{a_n\}$が初項$a(\neq 0)$，公比$r(\neq 1)$，の等比数列ならば，数列$\{b_n\}$も等比数列となるか判定せよ．

（2）数列$\{a_n\}$は等比数列でないが，数列$\{b_n\}$は公比が1でない等比数列となりうるか判定せよ．なりうる場合には，数列$\{a_n\}$の例を作れ．

（1）はごく普通に順思考で進みます．

$a_n = ar^{n-1}$とおくと，

$$b_n = a_{n+1} - a_n = ar^n - ar^{n-1} = a(r-1)r^{n-1}$$

となり，$\{b_n\}$は初項$a(r-1)$，公比rの等比数列と求まるからです．

(2)では，できたものとして後ろ向きにたどる考え方を利用します．

数列$\{b_n\}$が等比数列とすると，$b_n = br^{n-1}$とおくことができるので，

$$b_n = a_{n+1} - a_n = br^{n-1}$$

順に書き下すことにより，

$$\begin{aligned} a_n - a_{n-1} &= br^{n-2} \\ a_{n-1} - a_{n-2} &= br^{n-3} \\ \vdots \quad \vdots \quad \vdots \quad &\quad \vdots \\ a_2 - a_1 &= b \end{aligned}$$

辺々たして，

$$a_n - a_1 = b(1 + \cdots + r^{n-3} + r^{n-2}) = b\,\frac{r^{n-1} - 1}{r - 1}$$

$\therefore \quad a_n = a_1 + b\,\dfrac{r^{n-1} - 1}{r - 1}$の形ならば題意をみたすことがわかります．

$\{a_n\}$の例としては，例えば，$a_1 = 0$, $b = 1$, $r = 2$とおき，

$$a_n = 2^{n-1} - 1$$

となります．

問題１－９

100から1000まで100きざみで数字が書いてある10枚のカードがある．一度ひいたカードはまたもとに戻すこととして，三回までカードをひいてよいこととし，途中でやめてもよいものとする．最後にひいたカードの数字を賞金として，700円払ってこの賭けに参加できるものとする．参加すべきかどうか決定せよ．

最善の戦略を決定して期待値を計算すればよいこととなります．

そのために，一回目がN_1のとき，N_2のとき，……，と考えていっても，うまくいきません．

三回目，二回目，一回目と逆算していくことが肝心なのです．

三回目にカードをひくときの期待値は550ですから，二回目にひいたカ

ードが 500 以下の場合は三回目に進み，600 以上の場合は三回目に進まないことにすればよいこととなります．

すると二回目のカードをひくときの期待値の計算は次の通りです．

$$600\times\frac{1}{10}+700\times\frac{1}{10}+800\times\frac{1}{10}+900\times\frac{1}{10}+1000\times\frac{1}{10}+550\times\frac{5}{10}=675$$

よって一回目にカードをひくときのベストポリシーは以下のようになります．

600 以下の場合は二回目へと進み，700 以上の場合は二回目に進まない．

すると，このポリシーのもと，賭けの期待値は次の通りになります．

$$700\times\frac{1}{10}+800\times\frac{1}{10}+900\times\frac{1}{10}+1000\times\frac{1}{10}+675\times\frac{6}{10}=745$$

そこで 700 円払ってもこの賭けに参加した方が得であるという結論になります．

この考え方は逆思考といって人によっては「後ろ向きにたどる」とは区別するようです．しかし，後ろ向きにたどるという特徴より，数学をする（do）立場からは区別する必要はありません．
よく見かける次のような問題も同じタイプの類題と分類できます．

問題 1—10

50 枚のコインの山より，二人のプレーヤーが交互に 1 枚から 6 枚の間で好きな枚数だけ順々とコインを取り去っていく．最後にコインの山を空にした方が勝ちとする．先手または後手の必勝法を求めよ．

前問と同様にして，勝者の最後の一手の状態を考えることを出発点とします．

与えられたルールより，1 枚から 6 枚までの残ったコインの山を全部取り去ることで勝ちとなります．

後ろ向きに，一手前の相手方の手の状態を考えます．

相手方がどういう枚数を選択しようとも，1 枚から 6 枚までのコインの山が残ればよいこととなります．

ここまでくれば誰でもひらめきます．7 枚の状態にして相手方に手を渡せば勝てるということです．

あとは同様にして，後ろ向きにたどればよいのです．

7 枚の状態を達成しようとすれば，一手前は 8 枚から 13 枚までのコインの状態になっていればよいのです．即ち，14 枚の状態にして相手方に手を渡すならば，次に相手方がどんな枚数を選択しようとも，7 枚の状態を達成することができて勝者となります．

同様の推論により，達成すべきコインの山の状態は，21 枚，28 枚，35 枚，42 枚，49 枚となります．

これで先手方に必勝法が存在することがわかりました．先手は初めに 1 枚だけコインを取り除き，あとは絶えず，7 の倍数枚にコインの山の状態を保てばよいということです．

「後ろ向きにたどる」のストラテジーを利用する例題をいろいろと調べてきました．数多いストラテジーを 14 個にまとめあげたという結果，一つのストラテジーでも利用される局面には様々なバリエーションがあるのです．

最後に復習を兼ねて，ちょっとした問題を演習して当章を終えることとします．

問題 1 —11

$f(x)$ は区間 $[0,\ 1]$ 上で連続かつ次の条件をみたす関数とする．

$$\begin{cases} \displaystyle\int_0^1 f(x)\,dx = \int_0^1 x\,f(x)\,dx = \cdots = \int_0^1 x^{n-1} f(x)\,dx = 0 \\ \displaystyle\int_0^1 x^n f(x)\,dx = 1 \end{cases} \qquad (n \in \mathbb{N})$$

このとき，$\max\limits_{[0,\ 1]} |f(x)| \geqq 2^n(n+1)$ が成立することを証明せよ．

条件より，$\int_0^1 (x-1)^n f(x)\,dx$ の利用を思いつきます．しかし，ちょっと計算をすれば，うまくいかないことがわかります．

結論の式，$2^n(n+1)$ を見て逆算することにより，$\int_0^1 \left(x-\frac{1}{2}\right)^n f(x)\,dx$ と修正をおこなって利用すればよさそうだという見通しが得られます．

$\max\limits_{[0,\ 1]} |f(x)| = M$ とおく

$$\begin{aligned}
1 &= \left|\int_0^1 \left(x-\frac{1}{2}\right)^n f(x)\,dx\right| \\
&\leqq \int_0^1 \left|x-\frac{1}{2}\right|^n |f(x)|\,dx \\
&\leqq M\int_0^1 \left|x-\frac{1}{2}\right|^n dx \\
&= M\left\{\int_0^{\frac{1}{2}} \left(\frac{1}{2}-x\right)^n dx + \int_{\frac{1}{2}}^1 \left(x-\frac{1}{2}\right)^n dx\right\} \\
&= M\times 2\times \frac{1}{2^{n+1}(n+1)}
\end{aligned}$$

$\therefore \quad M \geqq 2^n(n+1)$

第2章　絵，図を書く

絵，図等々を書くことにより，具体的なイメージをもっていろいろと考えなさいということです．

問題解決の第一歩は問題文をよく理解することです．そのために，図等々を書いて具体的に考えることを利用する場合が多いのです．このことはすでに第1章において実践してきたことでした．

問題を理解するために絵，図を書くこと．このことをこの本の読者に説明する必要はないと思います．ただし，高校生の現況として次のことは強調してしておきます．

中学，高校，大学への受験勉強の過程において高校生の多くは，「数学は暗記モノ」，「数学は公式を適用する勉強」，「3分考えてわからない問題は捨てよ」等々という教育を受けた結果，こちらが想像する以上に彼等は図を書いて考えようとはしません．生徒に対して，問題を理解するために図を書くことの重要性を強調することは，いくら強調しても強調し過ぎることはないのです．

第2章では問題理解という点を踏まえたうえで，絵，図等々を書いて，いろいろと考える様相を調べていきます．

問題 2－1

$x-y$ 平面上の原点から次の規則で動く．

格子点ではコインを投げ，表が出れば x 軸の正の方向に 1，裏が出れば y 軸の正の方向に 1 進む．

コインを N 回投げ，長さ N だけ進む間に，直線 $x=2$ 上を長さ 1 以上通過する確率を P_N とする．

$\lim_{N\to\infty} P_N$ を求めよ．

ただし，コインの表が出る確率，裏が出る確率はいずれも $\frac{1}{2}$ である．

P_N を N で表わせということです．

この問題を，世間的に優秀と言われる高校生に課したことがありました．すると彼は数分間苦吟しつつ，頭の中だけで考えて次のように解答しました．

（生徒の解答）

「コインを $N-1$ 回投げ終えて，x 座標が 2 以上である．」という事象を X とおくと，その確率は余事象を利用して，

$$P(X)=1-\left\{{}_{N-1}C_0\left(\frac{1}{2}\right)^0\left(\frac{1}{2}\right)^{N-1}+{}_{N-1}C_1\left(\frac{1}{2}\right)\left(\frac{1}{2}\right)^{N-2}\right\}$$
$$=1-N\left(\frac{1}{2}\right)^{N-1}$$

事象 X のもと，「コインを N 回投げた結果，途中で直線 $x=2$ 上を長さ 1 以上通過する」確率は，「直線 $x=2$ に到達した直後のコイン投げで裏が出る」確率に等しいので，

$$P_N=P(X)\times\frac{1}{2}=\left\{1-N\left(\frac{1}{2}\right)^{N-1}\right\}\times\frac{1}{2}$$
$$=\frac{1}{2}-\frac{N}{2^N}$$
$$\therefore\quad \lim_{N\to\infty} P_N=\frac{1}{2}$$

数学では，「天才技」がハバをきかすということでしょうか．もっともこの問題では，図を書いて，どういう状況か丹念に調べていくと，彼のよ

うに難しく考える必要はなく，次のような自然な解答となります．

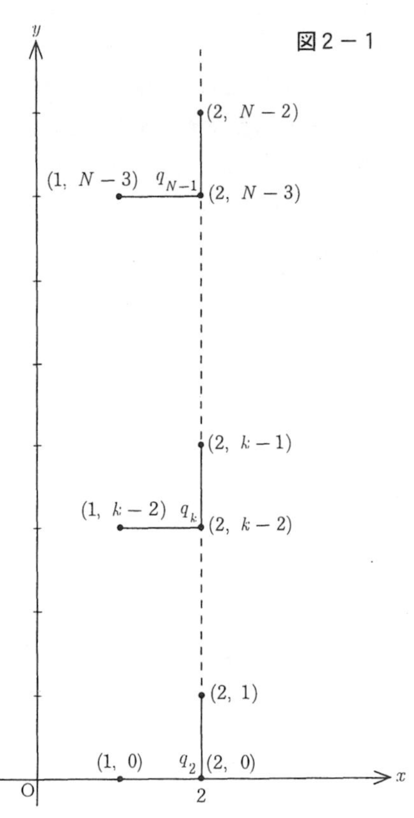

k 回目に初めて直線 $x=2$ 上に到達する確率：

$$q_k=\left\{{}_{k-1}C_1\left(\frac{1}{2}\right)\left(\frac{1}{2}\right)^{k-2}\right\}\times\frac{1}{2}$$
$$=(k-1)\left(\frac{1}{2}\right)^k\quad(2\leqq k\leqq N-1)$$

$$\therefore\quad P_N=\sum_{k=2}^{N-1}q_k\times\frac{1}{2}$$
$$=\sum_{k=2}^{N-1}(k-1)\left(\frac{1}{2}\right)^{k+1}$$

となり，（等差数列×等比数列）の和という，頻出タイプの問題に還元されました．即ち，

$$P_N=1\cdot\left(\frac{1}{2}\right)^3+2\cdot\left(\frac{1}{2}\right)^4+\cdots+(N-2)\left(\frac{1}{2}\right)^N$$
$$\frac{1}{2}P_N=\qquad 1\cdot\left(\frac{1}{2}\right)^4+\cdots+(N-3)\left(\frac{1}{2}\right)^N+(N-2)\left(\frac{1}{2}\right)^{N+1}$$

辺々ひいて

$$\frac{1}{2}P_N=\left(\frac{1}{2}\right)^3+\left(\frac{1}{2}\right)^4+\cdots+\left(\frac{1}{2}\right)^N-(N-2)\left(\frac{1}{2}\right)^{N+1}$$
$$=\left(\frac{1}{2}\right)^3\frac{1-\left(\frac{1}{2}\right)^{N-2}}{1-\frac{1}{2}}-(N-2)\left(\frac{1}{2}\right)^{N+1}$$
$$=\frac{1}{4}-N\left(\frac{1}{2}\right)^{N+1}$$

$$\therefore\quad P_N=\frac{1}{2}-\frac{N}{2^N}\xrightarrow[(N\to\infty)]{}\frac{1}{2}$$

問題 2－1 では図を書くことで望ましい状況を丹念に調べるという地道な努力を必要とする解決過程となりました．

問題によっては，図を書くことが解決に向かい劇的な効果をもたらす働きをする場合もあります．以下の問題はそうした例です．

問題 2 － 2

$0 < u < \sqrt{2}$，$v > 0$ のとき，次の式の最小値を求めよ．

$$f(u, v) = (u - v)^2 + \left(\sqrt{2 - u^2} - \frac{9}{v}\right)^2$$

問題 2 － 3

$b^2 < 4ac$ のとき，

$$P = (a + b + c)(2b - 4a - c)$$

の符号を決定せよ．

問題 2 － 4

$a,\ a' > 0,\ \ b^2 - 4ac < 0,\ \ b'^2 - 4a'c' < 0$ ならば

$$(b + b')^2 - 4(a + a')(c + c') < 0$$

であることを証明せよ．

（問題 2 － 2 の解）

図化して考えようとすると，$f(u,\ v)$ は 2 点 $\mathrm{U}(u,\ \sqrt{2 - u^2}\,)$，$\mathrm{V}\left(v,\ \dfrac{9}{v}\right)$ 間の距離の平方を表すことを発見します．

与えられた座標より，点 U は四分円 $y = \sqrt{2 - x^2}$ $(x,\ y \geqq 0)$ 上を，点 V は双曲線 $y = \dfrac{9}{x}$ $(x > 0)$ 上を動きます．

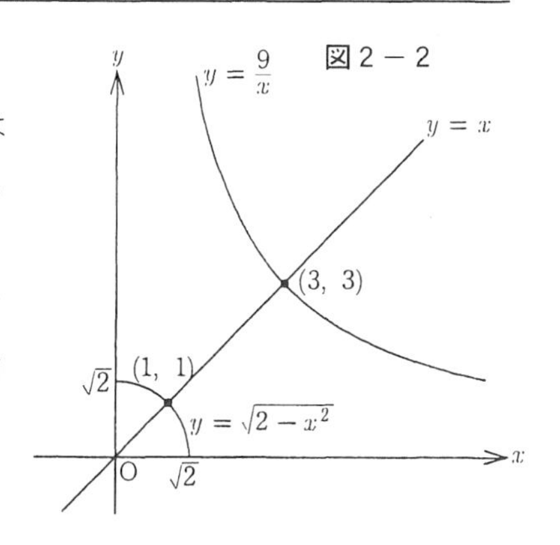

図 2 － 2

細かい計算に入りこむことなく，$y=x$ と両曲線との２交点間の距離が最小であることを図より読みとることができます．

$$\therefore \quad \min f(u,\ v)=f(1,\ 3)=8$$

（問題２－３の解）

条件 $b^2<4ac$ は二次方程式の判別式を連想させます．そこで図を書こうと，二次関数 $y=f(x)=ax^2+bx+c$ のグラフの状況をイメージするならば実際に図を書かなくとも，頭の中でグラフをイメージするだけで以下のように解決してしまいます．

なお条件式より，$a=0$ とすると $b^2<0$ となってしまうので $a \neq 0$ が成り立ちます．

（イ）$a>0$ のとき，

条件より，$\forall x,\ f(x)=ax^2+bx+c>0$

特に，$f(1)=a+b+c>0,\ f(-2)=-(2b-4a-c)>0$

よって $P<0$

（ロ）$a<0$ のとき，

$\forall x,\ f(x)=ax^2+bx+c<0$

$f(1)=a+b+c<0,\ f(-2)=-(2b-4a-c)<0$

よって $P<0$

（イ），（ロ）より常に　$P<0$ が成り立つ．

二次関数をイメージする過程において，$P=f(1)\times\{-f(-2)\}$ となっていることを見抜いているわけです．

（問題２－４の解）

問題２－３と同様の考え方により解決できることが見通せたと思います．

条件式より，任意の x に対して，二つの２次関数について，

$$y_1=ax^2+bx+c>0$$

$$y_2=a'x^2+b'x+c'>0$$

が成立します．

よって，$y=y_1+y_2=(a+a')x^2+(b+b')x+(c+c')>0$ が任意の x に対して成立します．

そこで，$y=0$ の判別式；$D=(b+b')^2-4(a+a')(c+c')<0$

が成立します．

図を書いたり，イメージすることのありがたみが理解できたことと思います．次の問題はどうでしょう．

問題２－５

a, b は０でない実数とする．このとき，

$$\left|\frac{a+\sqrt{a^2+2b^2}}{2b}\right|<1 \quad \text{又は} \quad \left|\frac{a-\sqrt{a^2+2b^2}}{2b}\right|<1$$

が成立することを証明せよ．

問題２－３，２－４と同様に考えようとすると，

$$y=f(x)=2bx^2-2ax-b$$

のグラフをイメージすることとなります．

$f(x)=0$ の２解が $x=\dfrac{a\pm\sqrt{a^2+2b^2}}{2b}$ だからです．実際に図を書かなくとも，頭の中でグラフを描けば十分でしょう．

有名な解の分離問題となります．２解の少なくとも一方は，$-1<x<1$ に存在することを示せ，ということです．

$D/4=a^2+2b^2>0$ なので，

軸：$x=\dfrac{a}{2b}$ の位置および，

$f(1)=b-2a,\ f(-1)=b+2a$ の符号を組み合わせて処理することとなります．

軸の位置によって場合分けします．

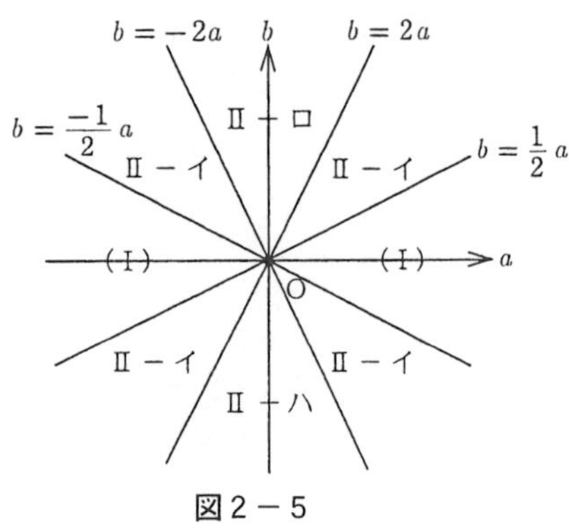

図２－５

（Ⅰ）$\left|\frac{a}{2b}\right|>1 \iff |b|<\frac{1}{2}|a|$ のとき，

$f(1)\cdot f(-1)<0$ より成立．

（Ⅱ）$\left|\frac{a}{2b}\right|\leqq 1 \iff |b|\geqq\frac{1}{2}|a|$ のとき，

x^2 の係数 b，および $f(1)$，$f(-1)$ の符号に注意して，図２－５のように（Ⅱ）の領域を細分します．

（Ⅱ―イ） $f(1)\cdot f(-1)<0$ より成立．

（Ⅱ―ロ） $b>0$, $f(1)>0$, $f(-1)>0$ より成立．

（Ⅱ―ハ） $b<0$, $f(1)<0$, $f(-1)<0$ より成立．

第１章でもふれたように，ストラテジーを利用したからといって直ちに解決できるのではなく，問題解決者の努力が必要となるのです．もっともこの問題は後の章において再び取り上げますが，別のストラテジーを利用すればもっと簡単に解決できます．

問題２－２，２－３，２－４のようにストラテジーが劇的に働く問題というのは，教授効果が絶大なのですが，非日常的なことも事実です．

地道な努力を要する例題を取り上げていきます．

問題２－６

x, y を０以上の整数とする．

$5x+7y$ の取りうる値を考えたとき，

ある整数 N 以上のすべての整数の値を取りうることを示し，このような N の最小値を求めよ．

表題にある「絵，図」は代表例にすぎません．その他，表，ダイヤグラム等々，具体物を前にして考えよ，ということです．問題２－６では一覧表

を書くこととなります．

図2－6－1

x ＼ y	0	1	2	3	4	5	6	7	8
0	0	7	14	21	28	35	42	49	56
1	5	12	19	26	33	40	47	54	61
2	10	17	24	31	38	45	52	59	
3	15	22	29	36	43	50	57		⋮
4	20	27	34	41	48	55	62	⋮	⋮
5	25	32	39	46	53	60	67	⋮	⋮
6	30	37	44	51	58	65	⋮	⋮	⋮
7	35	42	49	56	63	⋮	⋮	⋮	⋮
8	40	47	54	61	⋮	⋮	⋮	⋮	⋮
⋮	⋮	⋮	⋮	⋮	⋮	⋮	⋮	⋮	⋮

図2－6－2

x ＼ y	0	1	2	3	4
0	0	7	14	21	28
1	5	12	19	26	33
2	10	17	24	31	38
3	15	22	29	36	43
4	20	27	34	41	48
5	25	32	39	46	⋮
6	30	37	44	⋮	⋮
7	35	42	⋮	⋮	⋮
8	40	⋮	⋮	⋮	⋮
⋮	⋮	⋮	⋮	⋮	⋮

最初は図２－６－１のように，x, y のすべてに対応した値の表を書くことでしょう．結果はまだ見通せないですが，$y \geqq 5$ の列は，$0 \leqq y \leqq 4$ の列の $x \geqq 7$ の部分のくり返しであることが読み取れます．

そこで y は，$0 \leqq y \leqq 4$ に止め置き，x だけを動かして N をさがすこととなります．（図２－６－２参照）

しかしまだ結果は見通せません．数字がごちゃごちゃ入り混じっているからです．もう少し整理した表を作成する必要があります．

図２－６－２で苦しんだ末に，例えば，図２－６－３のように数字が規則正しく並んだ表に書き直すならば，$N=24$ であることが直ちにわかります．

また，$y=0,\ 1,\ 2,\ 3,\ 4$ の各列には，5 の剰余類として各々，0, 2, 4, 1, 3 の数字が並んでいます．24 以上のすべての値を取りうることを示すためには，5 の剰余類の対応する値に $y\,(0\leqq y\leqq 4)$ を止め置き，x の存在を示せばよいという発想も生まれてきます．そこで，$K=5x+7y$ とおくと，

図２－６－３

x ＼ y	0	1	2	3	4
	0				
	5	7			
	10	12	14		
	15	17	19		
	20	22	24	21	
	25	27	29	26	28
	30	32	34	31	33
	35	37	39	36	38
	40	42	44	41	43
	⋮	⋮	⋮	⋮	⋮

（イ）$K=5k+4\ (k\geqq 4)$ のとき，［$K\geqq 24$ を意識しています］

$$y=2,\quad x=k-2$$

（ロ）$K=5k\ (k\geqq 5)$ のとき，

$$y=0,\quad x=k$$

（ハ）$K=5k+1\ (k\geqq 5)$ のとき，

$$y=3,\quad x=k-4$$

（ニ）$K=5k+2\ (k\geqq 5)$ のとき，

$$y=1,\quad x=k-1$$

（ホ）$K=5k+3\ (k\geqq 5)$ のとき，

$$y=4,\quad x=k-5$$

とおくことにより，24 以上のすべての整数の値を K がとれることが極めて自然に示せます．

工夫して表を書くことの威力が理解できたことと思います．

なおこの問題では，

$n\geqq 24$ に対して，$n=5a+7b$, $a\geqq 4$ または $b\geqq 2$ とおき，

$$
\begin{aligned}
n+1 &= 5(a+3)+7(b-2) \\
&= 5(a-4)+7(b+3)
\end{aligned}
$$

という「天才技」を発揮すれば，数学的帰納法によって直ちに証明できます．

しかし多くの人は，こうした道を追究するのではなく，ストラテジーを利用しつつ，知識を活用する解決法を求める方が適当と思うことでしょう．

問題2－7

10個の球が区間[0, 10]を往復運動する．[0, 10]上の異なる位置に存在するこれらの球はまず一斉に同じスピードで10の方向に向かうものとする．

球が他の球と衝突した時および区間の端の0, 10に到達した時には進行方向は逆向きになるものとする．ただし速さは一定のままとする．

10個の球がそれぞれの出発点に戻り，再び10の方向に向かうまでの間に球同士の衝突は何回起こるか求めよ．

10個の球の初期値が一般的すぎて数式をたてるのは困難です．また10個の球が同時に出発点に戻ってくるのか疑問に思うことでしょう．ダイヤグラムを作成して確認することにします．

まず1球の図を作成します．（図2－7－1）

何の示唆も得られません．

2球の図を作成します．（図2－7－2の二つの実線）二本のダイヤグラムの交点が衝突を表現し，2つの球は同時に出発時の状態に戻ることがわかります．2という偶数に起因することという危惧をもつかもしれません．3つ目の球のダイヤグラムを書きこみます．（図2－7－2の点線）

2球の場合と状況は全く異なりません．かなり規則性が見えてきました．

10球のダイヤグラムを書くのは大変ですし，またそうする気にもなれません．

例えば，5球の状況を書いてみます．（図2－7－3）

この図から，$2\times {}_5C_2=20$回の衝突が起きていることを読み取ることは困難ではないはずです．

　そこで原題に戻り，衝突回数は，

$$2 \times {}_{10}C_2 = 90\text{ 回}$$

と求まります．

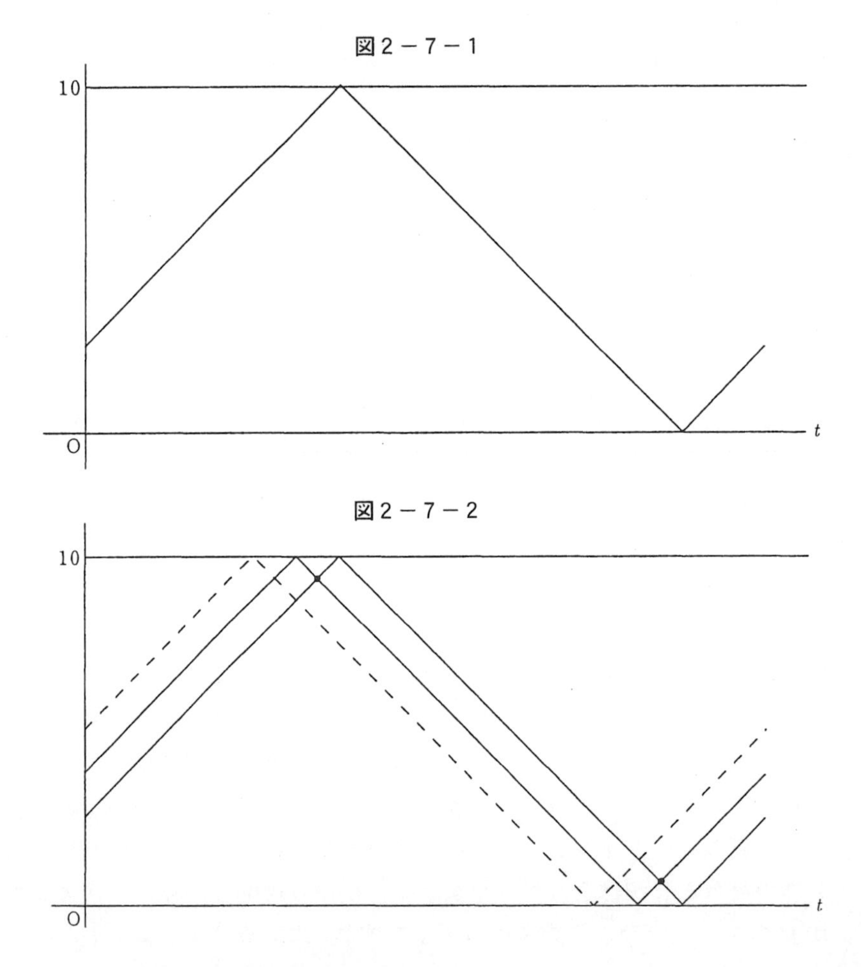

図2－7－1

図2－7－2

図2－7－3

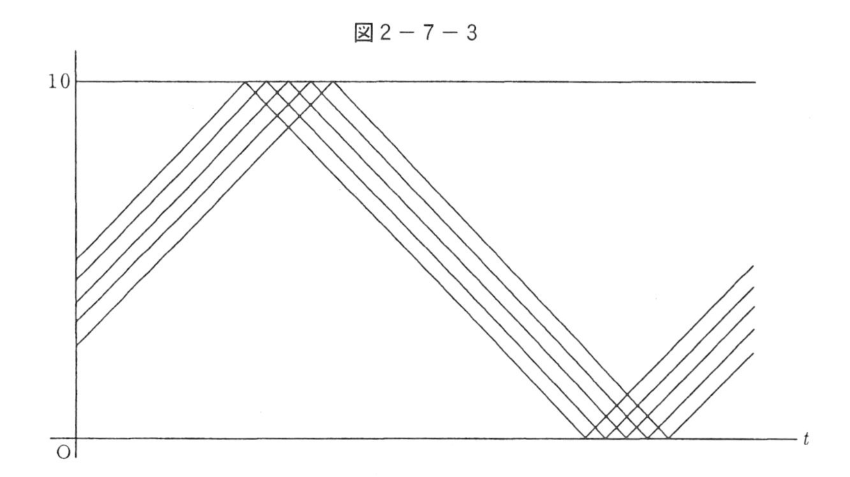

問題2－8

自然数 n をいくつかの自然数の和で表すことを考える．ただし $1+2$ と $2+1$ のように和の順番が異なるものは別ものとする．

$S(n)$ を n を自然数の和で表す表し方の総数とするとき，$S(n)$ を n の式で表せ．

データを集めて書いてみます．

$S(1)=1$

$2=1+1$ より $S(2)=2$

$3=2+1=1+2=1+1+1$ より $S(3)=4$

$4=3+1=1+3=2+2=2+1+1=1+2+1$

$\quad =1+1+2=1+1+1+1$ より $S(4)=8$

そこで $S(n)=2^{n-1}$

とあたりがつきます．

$S(5)$ で確認してみます．

$5=4+1=1+4$

$\quad =3+2=2+3=3+1+1=1+3+1=1+1+3$

$$=2+2+1=2+1+2=1+2+2$$
$$=2+1+1+1=1+2+1+1=1+1+2+1=1+1+1+2$$
$$=1+1+1+1+1$$

たしかに，$S(5)=2^4$ となりました．

$S(n)=2^{n-1}$ の証明にとりかかります．

$S(5)=2^4$ であること，および 5 に対する 2^4 通りの表し方のデータを眺めていますと，順列と組合せの知識の利用を思いつきます．即ち，

$$5=1\overset{①}{+}1\overset{②}{+}1\overset{③}{+}1\overset{④}{+}1$$

の 4 ヶ所の＋の記号についたてを置くという考え方です．

例えば①と②についたてを置くと，

$$5=1+1+3$$

の表現が得られます．

すべてについたてを置くと，$5=1+1+1+1+1$ となるし，全くついたてを置かなければ，$5=5$ の表現が得られます．

ついたてを置く，置かないを決めるべき場所は＋記号の 4 ヶ所なので，$S(5)=2^4$ となります．

この考え方を n に拡張することにより，

$$S(n)=2^{n-1}$$

となります．

（別解）

あるいは次のように考えても求まります．

n を k 個の和で表すことを考えます．

$(n-1)$ 個のついたてを置くことのできる場所より，$(k-1)$ 個のついたてを置くべき場所を選べばよいので，

$${}_{n-1}\mathrm{C}_{k-1} \text{ 通り}$$

となります．

$$S(n)=\sum_{k=1}^{n} {}_{n-1}\mathrm{C}_{k-1}$$

を計算することとなります．

$$\sum_{k=1}^{n} {}_{n-1}\mathrm{C}_{k-1} = {}_{n-1}\mathrm{C}_0 + {}_{n-1}\mathrm{C}_1 + \cdots + {}_{n-1}\mathrm{C}_{n-1}$$

なので，組み合わせの問題で経験しているように，

$$(1+x)^{n-1} = {}_{n-1}\mathrm{C}_0 + {}_{n-1}\mathrm{C}_1 x + \cdots + {}_{n-1}\mathrm{C}_{n-1} x^{n-1}$$

の式に $x=1$ を代入した値となります．そこで，

$$S(n) = 2^{n-1}$$

となります．

問題２－９

実数 a に対して，$k \leqq a < k+1$ をみたす整数 k を $[a]$ で表す．
n を正の整数として，

$$f(x) = \frac{x^2(2\cdot 3^3 \cdot n - x)}{2^5 \cdot 3^3 \cdot n^2}$$

とおく．$36n+1$ 個の整数

$$[f(0)],\ [f(1)],\ [f(2)],\ \cdots,\ [f(36n)]$$

のうち相異なるものの個数を n を用いて表せ．

問題文の状況を把握するために，$0 \leqq x \leqq 36n$ において $f(x)$ のグラフを書きます．

$$f'(x) = \frac{x(36n-x)}{2^5 \cdot 3^2 \cdot n^2}$$

$$f''(x) = \frac{18n-x}{2^4 \cdot 3^2 \cdot n^2}$$

より，図２－９のようなグラフとなります．

$y = \dfrac{27n}{2}$ を対称点として，$0 \leqq y \leqq 27n$ の範囲に，$[f(0)]$，$[f(1)]$，$\cdots$，$[f(36n)]$ が分布している状況が把握できます．あとはこれらの整数がどの位の間隔で分布しているか把握で

図２－９

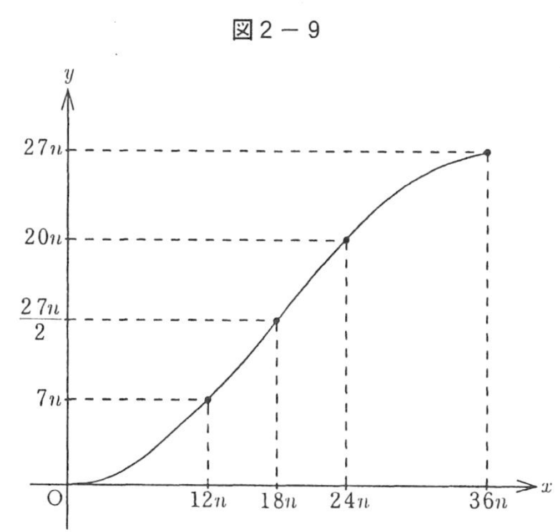

きれば解決できることとなります．

平均値の定理：$f(k+1)-f(k)=f'(c)\quad(k<c<k+1)$

の利用という知識の活用をおこなえば解決します．

$f'(c)$と1との大小関係を知る必要があります．

$f'(x)-1=\dfrac{-(x-12n)(x-24n)}{2^5\cdot 3^2\cdot n^2}$ より，

$$\begin{cases}0\leqq x\leqq 12n,\ 24n\leqq x\leqq 36n \text{ のとき } f'(x)\leqq 1\\ 12n\leqq x\leqq 24n \text{ のとき } f'(x)\geqq 1\end{cases}$$

となります．

$$\begin{cases}f(0)=0\\ f(12n)=7n,\end{cases}\quad\begin{cases}f(24n)=20n\\ f(36n)=27n\end{cases}$$

なので，次の結論となります．

（イ）$[f(0)],[f(1)],\cdots,[f(12n)]$には$0\sim 7n$のすべての整数が現れる．

（ロ）$[f(24n)],[f(24n+1)],\cdots,[f(36n)]$には$20n\sim 27n$のすべての整数が現れる．

（ハ）$[f(12n)],[f(12n+1)],\cdots,[f(24n)]$の値は$7n$から$20n$の間ですべて異なる整数となる．

そこで求める答は，$[f(12n)]$と$[f(24n)]$に注意して，

$$(7n+1)\times 2+(12n+1)-2=26n+1\quad(\text{個})$$

となります．

問題 2 —10

半径1の4個の球が次の状態で互いに外接しているものとする．

3個は床の上にのっており，残りの1個は3個の上にのって外接している．

これら4個の球に外接する正四面体Tを考える．

Tの一辺の長さtを求めよ．

どういう状況なのか，漠然とは理解できますが，解決への見通しを得ら

れるような図はなかなか描けません．

空間の問題ではよく起こる状況ですが，全体の投影図を描こうとするよりは，必要となるデータのみを浮きぼりにした骨格図のような図を書くのがポイントです．（そうは言ってもなかなか難しいですが．）

いろいろと苦しんだ末に，例えば図２―10－１のような図を書きますと以下のように解決します．

図２－10－１

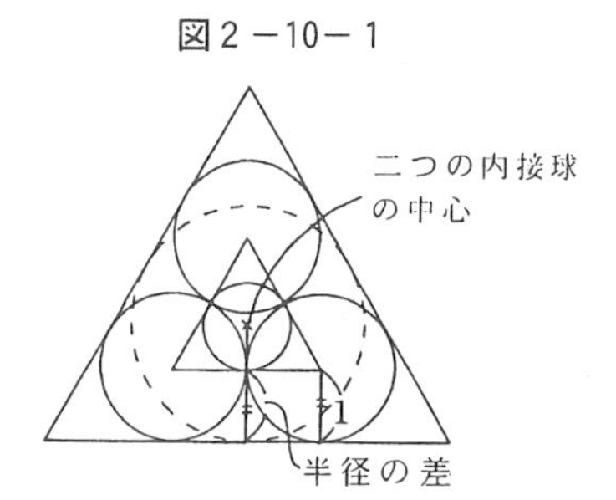

図２－10－２

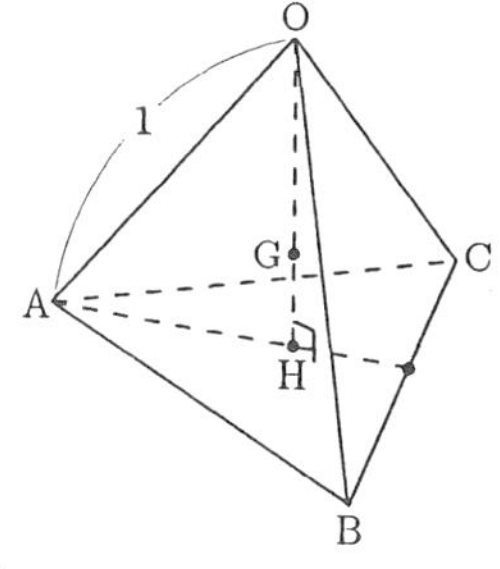

球の中心を頂点とする正四面体を S とおくと，（S の一辺）＝２である．

図より，（T の内接球の半径）−（S の内接球の半径）＝1 …（＊）

正四面体の内接球の半径は，高校入試でおなじみの図２―10―２で解決します．一辺の長さを１とおきますと，

$$（内接球の半径）= \mathrm{GH} = \frac{1}{4}\mathrm{OH} = \frac{\sqrt{6}}{12}$$

です．

（＊）の式に代入して，

$$\frac{\sqrt{6}}{12}t - \frac{\sqrt{6}}{12} \times 2 = 1 \text{ より}$$

$$t = 2\sqrt{6} + 2$$

と求まります．

高校数学において，「絵，図を書く」ことが避けられないテーマとして，「定積分と不等式」をあげることができます．以下において取り上げることとします．

問題２－11

$$\gamma_n = 1 + \frac{1}{2} + \cdots + \frac{1}{n} - \log n$$

とおくとき，次の不等式を証明せよ．

$$\frac{1}{2} < \gamma_n \leqq 1$$

問題２－12

$$a_n = \sum_{k=1}^{n} \left[\frac{n}{k} \right] \ (n \geqq 2)$$ とするとき，

$$\lim_{n \to \infty} \frac{a_n}{n \log n}$$

を求めよ．ただし，実数 x に対して，$m \leqq x$ となる最大の整数 m を $[x]$ で表す．

（問題２－11 の解）

$n = 1$ のときは成立するので，$n \geqq 2$ の場合について図を書いて考えます．

図２－11－１

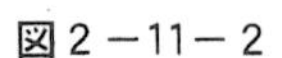

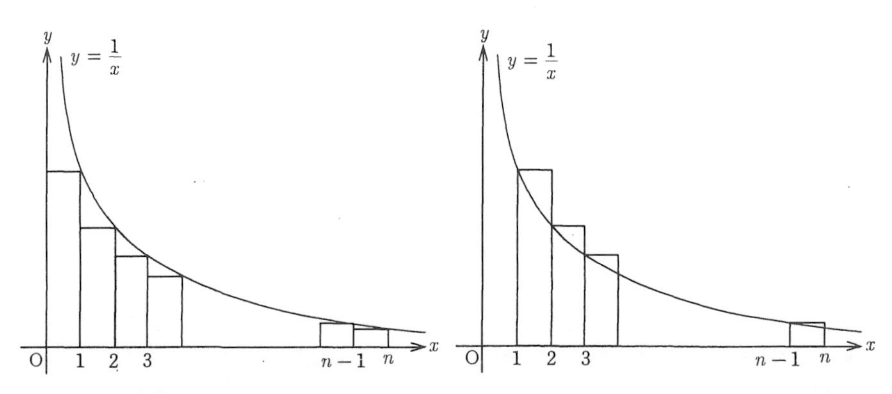

$\log n = \int_1^n \frac{1}{x}\,dx$ です．即ち，$y = \frac{1}{x}$，$x = 1$，$x = n$，$y = 0$ で囲まれた部分の面積です．

証明すべき右側の不等式は，

$$\frac{1}{2} + \frac{1}{3} + \cdots + \frac{1}{n} \leqq \log n$$

ということです．

図２－11－１のように，$y=\dfrac{1}{x}$ を下から押さえる図を書くことによって，不等式の成立を確認できます．

なお，図２－11－２のように，逆に上から押さえる図を書くことにより，

$$1+\frac{1}{2}+\cdots+\frac{1}{n-1}>\log n$$

の不等式が成立することも確認できます．

左側の不等式は，前半の結果をふまえて，

$$\gamma_n=1-\left\{\log n-\left(\frac{1}{2}+\frac{1}{3}+\cdots+\frac{1}{n}\right)\right\}$$

より，

$$\log n-\left(\frac{1}{2}+\frac{1}{3}+\cdots+\frac{1}{n}\right)<\frac{1}{2}$$

を示せばよいこととなります．

図２－11－３

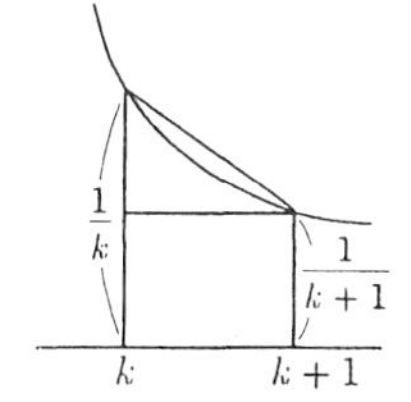

図２－11－１より，左辺は$1\leqq x\leqq n$における，$y=\dfrac{1}{x}$ と長方形にはさまれた部分の面積の和と解釈できます．

面積の和を上から押さえるべく，図２－11－３のように三角形をつくりますと，k番目の三角形の面積が，

$$\frac{1}{2}\left(\frac{1}{k}-\frac{1}{k+1}\right)$$

となります．よって，

$$\log n-\left(\frac{1}{2}+\frac{1}{3}+\cdots+\frac{1}{n}\right)<\sum_{k=1}^{n-1}\frac{1}{2}\left(\frac{1}{k}-\frac{1}{k+1}\right)$$

$$=\frac{1}{2}\left(1-\frac{1}{n}\right)<\frac{1}{2}$$

となり証明できました．

この結果より γ_n は下に有界かつ $\gamma_{n+1}-\gamma_n=\dfrac{1}{n+1}-\{\log(n+1)-\log n\}<0$ より，γ_n は単調減少列となり γ_n の収束がわかります．

$\gamma=\lim\limits_{n\to\infty}\gamma_n$ はオイラーの定数といい，数値計算によって，$\gamma=0.57721\cdots$ であることがわかっています．

(問題２－12の解)

問題２－11と比較して，かなり難しそうな印象を与えます.

ガウス記号のからんだ極限の問題では，

$$x-1<[x]\leqq x$$

の関係式を利用してガウス記号をはずし，両側の極限を求めて，ハサミウチの原理を使用する場合が多いという経験，知識があれば，問題２－11と同様にして解決します.

$\frac{n}{k}-1<\left[\frac{n}{k}\right]\leqq\frac{n}{k}$ より

$$\sum_{k=1}^{n}\left(\frac{n}{k}-1\right)<\sum_{k=1}^{n}\left[\frac{n}{k}\right]\leqq\sum_{k=1}^{n}\frac{n}{k}$$

$$\therefore\quad n\left(1+\frac{1}{2}+\cdots+\frac{1}{n}\right)-n<a_n\leqq n\left(1+\frac{1}{2}+\cdots+\frac{1}{n}\right)$$

$$\therefore\quad \frac{\left(1+\frac{1}{2}+\cdots+\frac{1}{n}\right)-1}{\log n}<\frac{a_n}{n\log n}\leqq\frac{1+\frac{1}{2}+\cdots+\frac{1}{n}}{\log n}$$

ここで前問で得た$\log n$の評価を利用します.

$$右辺<\frac{1+\frac{1}{2}+\cdots+\frac{1}{n}}{\frac{1}{2}+\cdots+\frac{1}{n}}=\frac{1}{\frac{1}{2}+\cdots+\frac{1}{n}}+1\xrightarrow[(n\to\infty)]{}1$$

$$左辺>\frac{\left(1+\frac{1}{2}+\cdots+\frac{1}{n-1}+\frac{1}{n}\right)-1}{1+\frac{1}{2}+\cdots+\frac{1}{n-1}}=1+\frac{\frac{1}{n}-1}{1+\frac{1}{2}+\cdots+\frac{1}{n-1}}\xrightarrow[(n\to\infty)]{}1$$

そこでハサミウチの原理によって，

$$\lim_{n\to\infty}\frac{a_n}{n\log n}=1$$

となります.

問題２－13

$$\sum_{k=1}^{n}\frac{1}{k}<\log(2n+1),\ (n\geqq 1)$$

を証明せよ.

問題文がシンプルなのでやさしそうな印象を与えますが，実際に取り組むと結構苦労する問題です.

$y=\dfrac{1}{x}$ において，左辺は $1 \leqq x \leqq n$ の部分の面積，右辺は $1 \leqq x \leqq 2n+1$ の部分の面積と，比較すべき区間がそろっていないので，このまま証明するのが難しいのです．

$\log(2n+1)$ の $2n$ を n に変えたいということ，

また $S_n=\sum_{k=1}^{n} a_k$ のタイプでは $S_n - S_{n-1} = a_n$ $(n \geqq 2)$ を利用することが多いこと，

以上を総合して，

$$\left.\begin{array}{l}\displaystyle\sum_{k=1}^{n}\frac{1}{k}<\log(2n+1)\\ \displaystyle\sum_{k=1}^{n-1}\frac{1}{k}<\log(2n-1)\end{array}\right\} \text{より，}$$

$$\frac{1}{k}<\log(2k+1)-\log(2k-1)=\log\frac{2k+1}{2k-1}=\log\frac{k+\frac{1}{2}}{k-\frac{1}{2}}$$

を示せば十分であるということを発見するならば，解決に向かって大きく前進したという確信をもつことでしょう．

なお $n=1$ のときは，$1<\log 3$ となり成立するので，$n \geqq 2$ として大丈夫です．

「絵，図を書いて」考えると図２－13のようになります．（以下では k を n に置き直します．）

$$\log\frac{n+\frac{1}{2}}{n-\frac{1}{2}}=\int_{n-\frac{1}{2}}^{n+\frac{1}{2}}\frac{1}{x}\,dx \text{ です．}$$

一方，$\log\dfrac{n+\frac{1}{2}}{n-\frac{1}{2}}$ と比較すべく，$\dfrac{1}{n}$ の面積を図の上に実現しようとすると結構苦労します．

図２－13

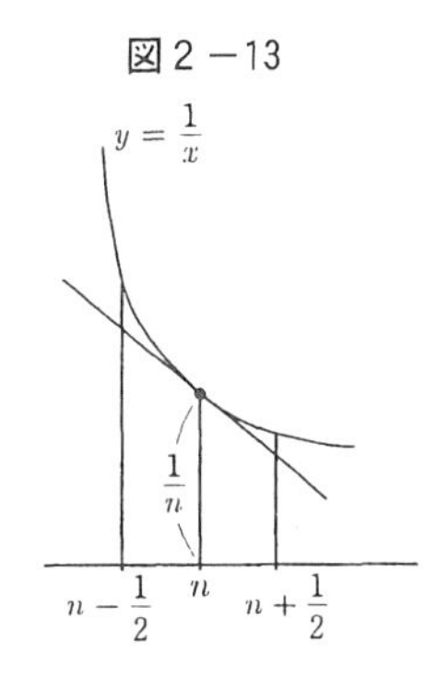

結論が，$\dfrac{1}{n}<\log\dfrac{n+\frac{1}{2}}{n-\frac{1}{2}}$ より，$y=\dfrac{1}{x}$ の下側に，$n-\dfrac{1}{2} \leqq x \leqq n+\dfrac{1}{2}$ の範囲で $\dfrac{1}{n}$ の面積を実現すればよいのです．試行錯誤の後，図２－13のような台形を書けばよいことが発見できればO．K．です．

よって，問題が証明されたことになります．

なお最後の所を計算のみで示そうとすると以下のような代数的工夫が必要となります．

$$\log\left(\frac{n+\frac{1}{2}}{n-\frac{1}{2}}\right)=\int_{n-\frac{1}{2}}^{n+\frac{1}{2}}\frac{1}{x}dx$$

$$=\int_0^{\frac{1}{2}}\left(\frac{1}{n+t}+\frac{1}{n-t}\right)dt$$

$$=\int_0^{\frac{1}{2}}\frac{2n}{n^2-t^2}dt$$

$$>\int_0^{\frac{1}{2}}\frac{2n}{n^2}\,dt=\frac{2}{n}\int_0^{\frac{1}{2}}dt=\frac{1}{n}$$

最後に，同じく高校数学より，条件付き確率の問題を取り上げます．

問題 2 －14

ある国では，男性 1000 人に 1 人の割合で，ある病気に感染しているという．検査薬によって，感染していれば 0.98 の確率で陽性反応が出る．ただし，感染していない場合にも，0.01 の確率で陽性反応が出るという．さて，いま 1 人の男性に陽性反応が出たとして，この男性が感染者である確率はどれだけか．

陽性反応が出たときの感染者である確率という条件付き確率の問題です．

「図を書いて」視覚的に考えようとすると，図 2−14 のようになります．

図の中に書き込んである数値が普通の意味の確率です．全体を 1 としたときの，（イ），（ロ），（ハ），（ニ）の占める割合ということになります．

図 2 －14

	陽　性	陰　性
非感染	（イ） $\frac{999}{1000}\times 0.01$	（ハ） $\frac{999}{1000}\times 0.99$
感染	（ロ） $\frac{1}{1000}\times 0.98$	（ニ） $\frac{1}{1000}\times 0.02$

さて，この問題での条件付き確率は次のようになります．

「陽性反応が出た」ということは，（イ）または（ロ）の場合が生じたということです．そのとき，「感染者である」確率というのは，（イ）と（ロ）の部分を1としたときに（ロ）の占める割合ということになります．

そこで求める確率は，

$$\frac{(\text{ロ})}{(\text{イ})+(\text{ロ})}=\frac{\frac{1}{1000}\times 0.98}{\frac{999}{1000}\times 0.01+\frac{1}{1000}\times 0.98}\fallingdotseq 0.089$$

となります．

絶望して自殺を図ることはないという結論になりました．

条件付き確率の問題は高校生にとって扱いにくいタイプの問題となっているようです．しかしこの解答のように，図を書いて視覚的に捉えるならば，それ程苦しむことはないと思います．

問題2－15

X，Y の両名が真実を話す確率をそれぞれ P_1，P_2 とする．また，A 市で1日の間に地震が発生する確率を P とする．

「ある日，A 市で地震が発生した．」と Y から聞いたと X が証言した．このとき，実際に A 市で地震が発生した確率を求めよ．

X，Y 両名が登場する分，前問より複雑になっています．それだけ図に表現することは苦労しますが，一つの例として図2－15のようになります．

「『ある日，A 市で地震が発生した．』と Y か

図2－15

<table>
<tr><th></th><th>地震発生と X が証言</th><th>地震発生と X が証言せず</th></tr>
<tr><td rowspan="2">地震発生</td><td>（イ） Y，X 共に真実を話す</td><td rowspan="2">（ホ）</td></tr>
<tr><td>（ロ） Y，X ともに嘘を話す</td></tr>
<tr><td rowspan="2">地震発生せず</td><td>（ハ） Y は真実，X は嘘を話す</td><td rowspan="2">（ヘ）</td></tr>
<tr><td>（ニ） Y は嘘，X は真実を話す</td></tr>
</table>

ら聞いたと X が証言した」場合の条件付き確率ですから，右側の欄の（ホ），（ヘ）の場合は考えなくともよいこととなります．

図の中に，「地震発生と X が証言」に至るときのすべての場合分けを書き込んであります．

（イ），（ロ），（ハ），（ニ）を１としたときの，（イ），（ロ）の占める割合，即ち，

$$\frac{(\text{イ})+(\text{ロ})}{(\text{イ})+(\text{ロ})+(\text{ハ})+(\text{ニ})} \quad \cdots(*)$$

を計算せよということです．

各々の確率は次のようになります．

（イ）：$P \times P_2 \times P_1$

（ロ）：$P \times (1-P_2) \times (1-P_1)$

（ハ）：$(1-P) \times P_2 \times (1-P_1)$

（ニ）：$(1-P) \times (1-P_2) \times P_1$

以上を（＊）の式に代入することにより，

（求める確率）

$$= \frac{PP_2P_1 + P(1-P_2)(1-P_1)}{PP_2P_1 + P(1-P_2)(1-P_1) + (1-P)P_2(1-P_1) + (1-P)(1-P_2)P_1}$$

となります．

このように条件付き確率の問題では，「絵，図を書いて」，具体的に考えていく方法は非常に有力な方策なのです．

最後に，条件付き確率の有名な問題である，３囚人問題を考えることにします．

３囚人問題とは，次の問題を言います．

問題２－16

３人の囚人 A，B，C がいる．１人が恩赦になって釈放され，残り２人が処刑されることがわかっている．だれが恩赦になるか知っている看守に対し，

A が「B と C のうち少なくとも1人処刑されるのは確実なのだから，2人のうち処刑される1人の名前を教えても私についての情報を与えることにはならないだろう．1人を教えてくれないか」
と頼んだ．

看守は A の言い分に納得して

「B は処刑される」

と答えた．

それを聞いた A は「これで釈放されるのは自分と C だけになったので，自分の助かる確率は1/3から1/2に増えた」と喜んだという．実際には，この答を聞いたあと，A の釈放される確率はいくらになるか．

「Bが処刑される時のAの恩赦の確率」という条件付き確率の典型題です．

今までと同様に図を利用して考えてみます．

すると数学による冷徹なる結論は次のようになります．

図2－16にすべての起こりうる状況を場合分けしてあります．

図2－16

真実＼看守の証言	B 処刑	C 処刑
A 恩赦	(イ) $\frac{1}{3}\times\frac{1}{2}$	(ロ) $\frac{1}{3}\times\frac{1}{2}$
B 恩赦	(ハ) $\frac{1}{3}\times 0$	(ニ) $\frac{1}{3}\times 1$
C 恩赦	(ホ) $\frac{1}{3}\times 1$	(ヘ) $\frac{1}{3}\times 0$

A，B，C の誰が恩赦となるかは平等である以上，皆1/3です．

看守は嘘をつかないことを前提としていますので，(ハ)と(ヘ)は確率ゼロとなります．

すると求める確率は，図2－16において，(イ)＋(ホ)を1としたときの(イ)の占める割合で，

$$\frac{(\text{イ})}{(\text{イ})+(\text{ホ})}=\frac{1}{3}$$

と求まります．

Ａにとっては，看守の証言の前後によって恩赦される確率に変化はないという，極めて残酷な結果で数学的には解決されることとなります．

以上，第２章では，「絵，図を書く」のストラテジーを解説しました．第１章で説明したように，ストラテジーは解決への道をアルゴリズム化する保証はありません．

場合によっては工夫をこらした図も案出し，図をもとに具体的な視覚を利用していろいろと考え抜くことが大切なのです．

第 3 章　帰納的思考

まず次の問題に取り組むことから始めます.

問題 3 − 1

$\dfrac{\sin(2n+1)x}{\sin x}$ $(n \in \mathbb{N})$ の分母を約して, cos の和の形で表せ.

いきなりこのままの形で求めるのは無理なこと, すぐにわかります.

$n=1$ の場合, 2 の場合, ……と帰納的に考えることとします.

$n=1$ のとき,

$$与式 = \frac{\sin 3x}{\sin x} = \frac{3\sin x - 4\sin^3 x}{\sin x} = 3 - 4\sin^2 x = 3 - 4(1-\cos^2 x) \quad \cdots(*)$$
$$= 4\cos^2 x - 1 \quad \cdots①$$
$$= 4\,\frac{1+\cos 2x}{2} - 1$$
$$= 1 + 2\cos 2x \quad \cdots②$$

①あるいは②が要求されている答と予想がつきますが, まだはっきりしません. さらに進むこととします.

$n=2$ のとき

$$与式 = \frac{\sin 5x}{\sin x} = \frac{\sin 3x\cos 2x + \sin 2x\cos 3x}{\sin x}$$
$$= (3 - 4\sin^2 x)\cos 2x + 2\cos x\cos 3x$$
$$= (1 + 2\cos 2x)\cos 2x + (\cos 4x + \cos 2x) \quad (\because\ (*)および積和公式)$$
$$= 2\cos^2 2x + 2\cos 2x + \cos 4x = 2\,\frac{1+\cos 4x}{2} + 2\cos 2x + \cos 4x$$
$$= 1 + 2\cos 2x + 2\cos 4x \quad \cdots③$$

②, ③より,

$$\frac{\sin 7x}{\sin x} = 1 + 2\cos 2x + 2\cos 4x + 2\cos 6x \quad \cdots④$$
$$\frac{\sin(2n+1)x}{\sin x} = 1 + 2\cos 2x + 2\cos 4x + 2\cos 6x + \cdots + 2\cos(2n)x$$

とほぼ予想がつきました.

$n=3$ の場合である④について，確認してみましょう.

しかし $\sin 7x$ を $\sin 3x$ や $\sin 5x$ の場合と同様に展開する気になれません．そこで $n=1$，2 の場合の結論の式を観察しますと，次の関係式を見出します.

②，③より

$$\frac{\sin 5x}{\sin x}=\frac{\sin 3x}{\sin x}+2\cos 4x$$

$$\Longleftrightarrow \frac{\sin 5x-\sin 3x}{\sin x}=2\cos 4x$$

左辺の分子に和積公式を適用すると,

$$\text{分子}=2\cos 4x\sin x$$

となり，分母と約して右辺の形になります.

そこで，$n=3$ のときの計算は次のような工夫となります.

$$\frac{\sin 7x-\sin 5x}{\sin x}=\frac{2\cos 6x\sin x}{\sin x}=2\cos 6x$$

$$\therefore \quad \frac{\sin 7x}{\sin x}=\frac{\sin 5x}{\sin x}+2\cos 6x=1+2\cos 2x+2\cos 4x+2\cos 6x$$

となり確認できました.

もうこれで十分に,

$$\frac{\sin(2n+1)x}{\sin x}=1+2\sum_{k=1}^{n}\cos(2k)x$$

と推定できます.

あとはこの推定を，数学的帰納法により証明すればよいのです.

$n=1$ のとき成立するのは明らかですから step II のみ記します.

$$\frac{\sin(2n-1)x}{\sin x}=1+2\sum_{k=1}^{n-1}\cos(2k)x$$

を仮定して,

$$\frac{\sin(2n+1)x}{\sin x}=1+2\sum_{k=1}^{n}\cos(2k)x \qquad \cdots(☆)$$

の成立を示せばよいこととなります.

$n=3$ の場合と同様の計算ですみます.

$$\frac{\sin(2n+1)x-\sin(2n-1)x}{\sin x}=\frac{2\cos(2n)x\cdot\sin x}{\sin x}=2\cos(2n)x$$

よって，(☆) が成立.

「帰納的思考」ストラテジーとは，この例から理解できるように，

（Ⅰ）帰納的に考える

だけを説くのではありません．

（Ⅱ）パターン発見

（Ⅲ）数学的帰納法

という一連の思考過程を教示するストラテジーです．

もう少し具体的に表現すると次のようになります．

整数パラメーターnが存在する問題では，nに1から順に数値を代入して帰納的に考える．このことを通して，パターン発見をおこない，帰納的に答を推定する．

発見的に推定された答はまだ数学的な答とはなっていない．そこで数学的帰納法により厳密に証明する．

理想的には上記の三段階の思考過程を含むストラテジーということになります．後にあげる例題でもそうですが，三段階がそろわないことも多いです．

また問題3－1の解答もそうでしたが，帰納的に考えた過程が，最終段階である数学的帰納法の stepⅡにおける証明の仕方への示唆を与える場合が多いのも事実です．

読者の皆さんにとっては，当然のストラテジーでしょうが，高校生にとっては帰納的に考えるということは非常に苦手です．前章の「絵，図を書く」と同様に，具体的に考えることを高校生はあまりおこないません．

このことを確かめたのが次の調査問題です．

問題3－2

次の一般項を求めよ．（ただし$n \geqq 1$）

（1）$a_1 = 3,\ a_{n+1} = 2a_n - 1$

（2）$a_1 = 27,\ a_{n+1} = \dfrac{1}{3} a_n^2$

（3）$a_1 = 3,\ (n+1)a_{n+1} = a_n^2 - 1$

この調査問題の主眼点は，（３）の漸化式に被験者がどう取り組むかを調査しようということです．

（１）はいわゆる「隣接２項間漸化式」の典型問題です．

（２）は左右両辺で底を３とする対数をとったのちに，（１）と同じ計算テクニックを利用できる問題です．

一方，（３）は帰納的に推論せざるをえない問題です．即ち，

$$a_1 = 3,\ a_2 = 4,\ a_3 = 5,\ \cdots \text{ より}$$
$$a_n = n + 2$$

を推定し，数学的帰納法により証明する問題なのです．

R高校における調査結果を集計したのが表3–2です．

表3–2

	テク	×テク	帰納	帰納法	×帰納	（A）	白紙
（１）	18	13	11	2	6	55%	1
（２）	15	12	8	3	7	38%	13
（３）	0	9	15	5	3	39%	19

$$(\text{A}) = \frac{(\text{帰納}) + (\times\text{帰納})}{\text{総数} - (\text{テク})} \times 100(\%)$$

以下に表3–2の説明をします．

いわゆる「2 項間漸化式」の計算テクニックを利用して解いた答案数がテクの欄の数字です．

×テクの欄は「2 項間漸化式」の計算テクニックの誤用等々，帰納的操作をすることなく，何らかのテクニックを利用して解こうとして失敗した答案数です．

帰納，×帰納の欄は帰納的に答を発見した人数と発見できなかった人数を各々示してます．

帰納法の欄は帰納の欄の人数のうち帰納的に発見した答に対して，数学的帰納法による証明を試みた者の人数です．

白紙の欄の数字は白紙および全く答案になっていないものの数です．

なお，テクニックによる方法を試みると同時に帰納的な方法も試みた生

徒もいた関係上，各行とも合計人数は必ずしも45とはなっていません．

(A)欄の数字は表3-2の脚注に説明を記したように，総答案数よりテクの欄の数を減じて得られた数字に対する，帰納，×帰納の欄の数字の合計が占めるパーセントです．つまり，テクニック，知識を利用できない生徒の中で帰納的に考えることをおこなった者の割合を示すデータです．結果は55，38，39パーセントの順でした．

また帰納的に答を発見した後，数学的帰納法による証明を試みた者の割合は表3-2が示すように順に，2/11，3/8，5/15というさんたんたるものでした．

さらに追証すべく，O高校において調査したところ同じような結果が得られています．表3-2は日本の高校生の現状をある程度反映したデータと言えましょう．

このように高校生は帰納的に考えることを苦手としています．また数学的帰納法が証明において果たす機能を理解していません．そこで「帰納的思考」をストラテジーとして取り上げる意味がでてくるのです．

問題3－3

数列$\{a_n\}$において，$a_1=1$であり，$n \geqq 2$に対してa_nは次の条件(i)(ii)を満たす自然数のうちで最小のものであるという．

(i)　a_nはa_1, …, a_{n-1}のどの項とも異なる．

(ii)　a_1, …, a_{n-1}のうちから重複なくどのように項を取り出しても，それらの和がa_nに等しくなることはない．

このとき，a_nを求めよ．

問題3－1と同様，帰納的にa_nを推定していくしか方策がなさそうです．

$n=2$のとき

条件(i)，(ii)より$a_2=2$

$n=3$のとき

(i)　$a_3 \neq a_1, a_2$

(ii)　$a_3 \neq a_1, a_2, a_1+a_2$

よって$a_3=4$

$n=4$のとき

（i） $a_3 \neq a_1,\ a_2,\ a_3$

（ii） $a_4 \neq a_1,\ a_2,\ a_3,\ a_1+a_2,\ a_1+a_3,\ a_2+a_3,\ a_1+a_2+a_3$

即ち，$a_4 \neq 1,\ 2,\ 3,\ 4,\ 5,\ 6,\ 7$

よって$a_4=8$

以上より，$a_n=2^{n-1}$と推定されます．

ただしa_4を決定するためには，前者であるa_3だけではなく，すべての前者，$a_1,\ a_2,\ a_3$に依存しました．

a_nの決定される構造も同様にして，すべての前者に依存することとなります．

そこで「累積帰納法」による証明となります．あとはStepⅡの証明を工夫するだけです．

（Ⅰ） $n=1$のときO.K.

（Ⅱ） $n \leqq k$のとき成立と仮定する．

即ち，$a_1=1,\ a_2=2,\ \cdots,\ a_k=2^{k-1}$と仮定する．

以下，$a_{k+1}=2^{(k+1)-1}=2^k$を示せばよい．

$a_1,\ a_2,\ a_3,\ \cdots,\ a_k$のうちから重複なく取り出したときの，

和のmin：$a_1=1$

和のmax：$a_1+a_2+a_3+\cdots+a_k$

$$=1+2+2^2+\cdots+2^{k-1}$$

$$=\frac{2^k-1}{2-1}=2^k-1$$

$1 \leqq N \leqq 2^k-1$であるすべての自然数Nは，

$$N=P_1 \cdot 2^0+P_2 \cdot 2^1+P_3 \cdot 2^2+\cdots+P_k \cdot 2^{k-1},\ \ [P_i=0,\ 1\ (1 \leqq i \leqq k)]$$

$$=P_1 \cdot a_1+P_2 \cdot a_2+P_3 \cdot a_3+\cdots+P_k \cdot a_k$$

と表される（2進法を思い出せば理解できるでしょう.）．

a_{k+1}はこれらのいずれとも異なる最小の自然数であるから，

$$a_{k+1}=2^k$$

（Ⅰ），（Ⅱ）より$a_n=2^{n-1}$.

以下では，「帰納的思考」の三つの段階のうちのどれかに焦点をあてた問題を取り上げます．

問題3－4

数列$\{f_n\}$について，

$$f_1 = f_2 = 1,\ f_{n+2} = f_{n+1} + f_n$$

が成立しているものとする．このとき，

$$f_{2n+1} = f_{n+1}^2 + f_n^2$$

を証明せよ．

数列$\{f_n\}$はフィボナッチ数列です．

$f_3 = 2$より$n = 1$のときの成立は明らかなので，以下では数学的帰納法におけるStepⅡのみ議論します．

StepⅡは，

$$f_{2k+1} = f_{k+1}^2 + f_k^2$$

を仮定して，

$$f_{2k+3} = f_{k+2}^2 + f_{k+1}^2 \quad \cdots(\bigstar)$$

を示せば証明が完了します．

$$\begin{aligned} f_{k+2}^2 + f_{k+1}^2 &= (f_{k+1} + f_k)^2 + f_{k+1}^2 \quad [\{f_n\}\text{の定義式}] \\ &= f_{k+1}^2 + 2f_{k+1}f_k + f_k^2 + f_{k+1}^2 \\ &= (f_{k+1}^2 + f_k^2) + (2f_{k+1}f_k + f_{k+1}^2) \\ &= f_{2k+1} + (2f_{k+1}f_k + f_{k+1}^2) \quad [\text{帰納法の仮定}] \end{aligned}$$

ここで，$2f_{k+1}f_k + f_{k+1}^2 = f_{2k+2} \quad \cdots(*)$

が成立することを示せるならば証明は完結します．なぜならば，

$$f_{2k+1} + (2f_{k+1}f_k + f_{k+1}^2) = f_{2k+1} + f_{2k+2} = f_{2k+3}$$

となるからです．

そこで，$(*)$の式が成立することを，数学的帰納法を利用して確かめてみます．

（Ⅰ） $n=1$ のとき

$$\text{左辺}=2f_2f_1+f_2^2=3$$

$$\text{右辺}=f_4=3$$

（Ⅱ） $2f_{k+1}f_k+f_{k+1}^2=f_{2k+2}$ を仮定して，

$2f_{k+2}f_{k+1}+f_{k+2}^2=f_{2k+4}$ を示せばよい．

$$\begin{aligned}2f_{k+2}f_{k+1}+f_{k+2}^2&=2(f_{k+1}+f_k)f_{k+1}+f_{k+2}^2 \quad [\{f_n\}\text{の定義式}]\\&=2f_{k+1}^2+2f_{k+1}f_k+f_{k+2}^2\\&=(2f_{k+1}f_k+f_{k+1}^2)+(f_{k+1}^2+f_{k+2}^2)\\&=f_{2k+2}+(f_{k+1}^2+f_{k+2}^2) \quad [\text{帰納法の仮定}]\end{aligned}$$

またここで，本来の証明すべき式(★)に戻ってしまいました．と言いますのは，

$$f_{2k+2}+(f_{k+1}^2+f_{k+2}^2)=f_{2k+2}+f_{2k+3}=f_{2k+4}$$

となり，(＊)の帰納法が完結するからです．

(★)の成立が(＊)の成立に依存するのと同時に，逆に(＊)の成立も(★)の成立に依存する構造となっているのです．

この知的難局は，次のように２つの命題を「同時併行」的に処理することで乗り越えることができます．

$$\left.\begin{aligned}P(n)&: f_{2n+1}=f_{n+1}^2+f_n^2\\Q(n)&: 2f_{n+1}f_n+f_{n+1}^2=f_{2n+2}\end{aligned}\right\}\text{とおく．}$$

（Ⅰ） $n=1$ のとき

$f_1=f_2=1,\ f_3=2,\ f_4=3$ より， $P(1)$，$Q(1)$ は成立．

（Ⅱ）上でおこなった議論は，$P(k)$，$Q(k)$ を仮定すると $P(k+1)$ の成立を示し，次に $P(k+1)$，$Q(k)$ より $Q(k+1)$ が成立することを示しています．そこで，$P(k)$，$Q(k)$ の成立を同時に仮定することにより，$P(k+1)$，$Q(k+1)$ の成立を示すことができて証明が完結したのです．

図示すれば次のようになります．

$$\begin{array}{l}P(n): 1,\to 2,\to \cdots, k,\to k+1,\to \cdots, n\\ \qquad\quad \nearrow\downarrow\ \nearrow\downarrow\quad \nearrow\ \downarrow\quad \nearrow\downarrow\\ Q(n): 1,\to 2,\to \cdots, k,\to k+1,\to \cdots, n\end{array}$$

問題3－5

xを次の形の数とする.

$$\pm\sqrt{2\pm\sqrt{2\pm\cdots\cdots\pm\sqrt{2}}}$$

ここで平方根記号はn重になっているものとし，±の記号は各々勝手な方をとってよいものとする.

このとき，$\dfrac{2^{n+1}}{\pi}\cos^{-1}\dfrac{x}{2}$は奇数となることを証明せよ.

整数パラメーターnが存在する問題なので，数学的帰納法により，証明を試みます.

（Ⅰ）$n=1$のとき

$$x=\pm\sqrt{2}\ \text{より}\ \cos^{-1}\frac{x}{2}=\frac{\pi}{4},\ \frac{3}{4}\pi$$

$$\therefore\quad \frac{2^2}{\pi}\cos^{-1}\frac{x}{2}=1,\ 3$$

となり成立する.

（Ⅱ）$x=\pm\sqrt{2\pm\sqrt{2\pm\cdots\cdots\pm\sqrt{2}}}$

において右辺の平方根記号は$(n+1)$重になっているものとする.

すると，$x^2-2=\pm\sqrt{2\pm\sqrt{2\pm\cdots\cdots\pm\sqrt{2}}}$

において，平方根記号はn重となり，帰納法の仮定によって，

$$\frac{2^{n+1}}{\pi}\cos^{-1}\left(\frac{x^2-2}{2}\right)=2N+1\qquad\cdots(*)$$

が成立する.

一方，示すべき結論の式は$\dfrac{2^{n+2}}{\pi}\cos^{-1}\dfrac{x}{2}$が奇数です.

両式より，$2\cos^{-1}\dfrac{x}{2}$と$\cos^{-1}\left(\dfrac{x^2-2}{2}\right)$の関係を調べればよいこととなります.

2倍角の公式より，

$$\cos\left(2\cos^{-1}\frac{x}{2}\right)=2\left\{\cos\left(\cos^{-1}\frac{x}{2}\right)\right\}^2-1=2\left(\frac{x}{2}\right)^2-1=\frac{x^2-2}{2}$$

$$\therefore\quad \cos^{-1}\left(\frac{x^2-2}{2}\right)=2\cos^{-1}\frac{x}{2},\ 2\pi-2\cos^{-1}\frac{x}{2}$$

が成立する.

$(*)$に代入することにより，

$$\frac{2^{n+2}}{\pi}\cos^{-1}\frac{x}{2}=2N+1,\ \ 2^{n+2}-(2N+1)$$

となり，どちらの場合にも奇数となることが示され，StepⅡの証明が完成します

第6章において，n個の相加相乗平均の不等式，を証明する準備として，次の補題を証明しておきます．

問題3－6

$a_1a_2\cdots a_n=1$である任意のn個$(n\geqq 2)$の正数a_1，a_2，$\cdots$，a_nに対して，次の不等式の成立を示せ．

$$a_1+a_2+\cdots+a_n\geqq n$$

（Ⅰ）$n=2$のとき

$$\begin{aligned}\text{左辺}-\text{右辺}&=a_1+a_2-2\\&=a_1+\frac{1}{a_1}-2\ \ (\because\ a_1a_2=1)\\&=\left(\sqrt{a_1}-\sqrt{\frac{1}{a_1}}\right)^2\geqq 0\end{aligned}$$

よって成立

（Ⅱ）$a_1a_2\cdots a_k=1,\ a_1+a_2+\cdots+a_k\geqq k,$

を仮定して，以下の成立を示せばよい．

$$b_1b_2\cdots b_kb_{k+1}=1,\ b_1+b_2+\cdots+b_k+b_{k+1}\geqq k+1\quad\cdots①$$

k個についての仮定を利用しようとすると，例えば，

$b_kb_{k+1}=b'_k$とおき，$b_1b_2\cdots b'_k=1$より，

$$b_1+b_2+\cdots+b'_k\geqq k\quad\cdots②$$

となります．

①と②を比較して，

$$b_1+b_2+\cdots+b_k+b_{k+1}\geqq b_1+b_2+\cdots+b'_k+1\quad\cdots③$$

の成立を示せばよいという見通し，発想を得ます．

しかし上手くいきません.

$$③ \Longleftrightarrow b_k + b_{k+1} \geqq b'_k + 1$$

ですが,

$$\begin{aligned} \text{左辺} - \text{右辺} &= b_k + b_{k+1} - (b_k b_{k+1} + 1) \\ &= -(b_k - 1)(b_{k+1} - 1) \end{aligned}$$

となり, $\geqq 0$ の成立を示せないのです.

うまくいかなかったといっても, 仮定, $b_1 b_2 \cdots b_k b_{k+1} = 1$ とからんで, とても惜しい気がします.

そういう目で今までおこなった計算を振り返ると, 例えば $b_k \leqq 1 \leqq b_{k+1}$ ならよいのです. そこで次のような修正をおこなえば証明が完結することとなります.

$n = 2$ の場合も次のような証明となります.

$a_1 a_2 = 1$ より $a_1 \leqq 1$, $a_2 \geqq 1$ としてよい.

$$\begin{aligned} a_1 + a_2 - 2 &= a_1 + a_2 - (a_1 a_2 + 1) \quad (\because \ a_1 a_2 = 1) \\ &= -(a_1 - 1)(a_2 - 1) \geqq 0 \end{aligned}$$

StepⅡも同様に示せることが見通せます.

（Ⅱ）　仮定, $b_1 b_2 \cdots b_k b_{k+1} = 1$ より, $b_i \geqq 1$, $b_j \leqq 1$ となる b_i, b_j $(i \neq j)$ が存在するので,

$b_i b_j = a_k$ とおき, b_i, b_j 以外の $\{b_n\}$ を並びかえて, a_1, a_2, $\cdots$, a_{k-1} とする.

$a_1 a_2 \cdots a_{k-1} a_k = 1$ より, 帰納法の仮定により,

$$a_1 + a_2 + \cdots + a_{k-1} + a_k \geqq k$$

$n = 2$ の場合と同様にして, $b_i + b_j \geqq a_k + 1$

$$\therefore \quad a_1 + a_2 + \cdots + a_{k-1} + (b_i + b_j) \geqq a_1 + a_2 + \cdots + a_{k-1} + a_k + 1 \geqq k + 1$$

よって, $b_1 + b_2 + \cdots + b_k + b_{k+1} \geqq k + 1$

となり証明が完結します.

数学的帰納法による証明では, StepⅡにおいていろいろな証明の仕方があるということです.

appendix B ではそうしたいろいろな証明法をとりあげています.

問題３－７

$$XY-YX=E_n$$

となる n 次行列 X, Y は存在しないことを示せ．

整数パラメータ n が存在する問題ですからいままでと同様に，$n=2$ の場合，$n=3$ の場合，……を手掛かりにして考えていきましょう．

（イ）$n=2$ の場合

$$XY=\begin{pmatrix} x_1 & x_2 \\ x_3 & x_4 \end{pmatrix}\begin{pmatrix} y_1 & y_2 \\ y_3 & y_4 \end{pmatrix}$$

$$=\begin{pmatrix} x_1y_1+x_2y_3 & x_1y_2+x_2y_4 \\ x_3y_1+x_4y_3 & x_3y_2+x_4y_4 \end{pmatrix}$$

$$YX=\begin{pmatrix} y_1 & y_2 \\ y_3 & y_4 \end{pmatrix}\begin{pmatrix} x_1 & x_2 \\ x_3 & x_4 \end{pmatrix}$$

$$=\begin{pmatrix} x_1y_1+x_3y_2 & x_2y_1+x_4y_2 \\ x_1y_3+x_3y_4 & x_2y_3+x_4y_4 \end{pmatrix}$$

$$XY-YX$$

$$=\begin{pmatrix} x_2y_3-x_3y_2 & x_2(y_4-y_1)+y_2(x_1-x_4) \\ x_3(y_1-y_4)+y_3(x_4-x_1) & x_3y_2-x_2y_3 \end{pmatrix} \quad \cdots①$$

$$XY-YX=E_2=\begin{pmatrix} 1 & 0 \\ 0 & 1 \end{pmatrix} \quad \cdots②$$

①と②の右辺の４つの成分をじっと見比べながら考えていると，

①の $(2,2)$ 成分 $=-(x_2y_3-x_3y_2)$

$=(-1)\times$(①の $(1,\ 1)$ 成分)

であることを発見することはそう困難ではないはずです．

よって条件を満たす２次正方行列 X, Y は存在しません．

対角成分に注目しながら考えればよいという発想が湧いてきます．

（ロ） $n=3$ の場合

$$XY=\begin{pmatrix} x_{11} & x_{12} & x_{13} \\ x_{21} & x_{22} & x_{23} \\ x_{31} & x_{32} & x_{33} \end{pmatrix}\begin{pmatrix} y_{11} & y_{12} & y_{13} \\ y_{21} & y_{22} & y_{23} \\ y_{31} & y_{32} & y_{33} \end{pmatrix}$$

$$=\begin{pmatrix} x_{11}y_{11}+x_{12}y_{21}+x_{13}y_{31} & & \\ & x_{21}y_{12}+x_{22}y_{22}+x_{23}y_{32} & \\ & & x_{31}y_{13}+x_{32}y_{23}+x_{33}y_{33} \end{pmatrix}$$

$$YX=\begin{pmatrix} y_{11} & y_{12} & y_{13} \\ y_{21} & y_{22} & y_{23} \\ y_{31} & y_{32} & y_{33} \end{pmatrix}\begin{pmatrix} x_{11} & x_{12} & x_{13} \\ x_{21} & x_{22} & x_{23} \\ x_{31} & x_{32} & x_{33} \end{pmatrix}$$

$$=\begin{pmatrix} x_{11}y_{11}+x_{21}y_{12}+x_{31}y_{13} & & \\ & x_{12}y_{21}+x_{22}y_{22}+x_{32}y_{23} & \\ & & x_{13}y_{31}+x_{23}y_{32}+x_{33}y_{33} \end{pmatrix}$$

$$XY-YX=\begin{pmatrix} x_{12}y_{21}+x_{13}y_{31}-x_{21}y_{12}-x_{31}y_{13} & & \\ & x_{21}y_{12}+x_{23}y_{32}-x_{12}y_{21}-x_{32}y_{23} & (*) \\ (*) & & x_{31}y_{13}+x_{32}y_{23}-x_{13}y_{31}-x_{23}y_{32} \end{pmatrix} \cdots ③$$

$n=2$ の場合を受けて，対角成分に注目して $XY-YX$ を計算すると③の右辺となります．

3つの対角成分を注意深く眺めていますと，各 $x_{ij}y_{ji}$ $(i \neq j)$ が $x_{ij}y_{ji}$ と $-x_{ij}y_{ji}$ となって各々1つずつ3つの成分のいずれかに入っていることが発見できます．（例えば，$x_{12}y_{21}$ は $(1, 1)$ 成分に，$-x_{12}y_{21}$ は $(2, 2)$ 成分に入っています．）

すると，$(1, 1)$ 成分＋$(2, 2)$ 成分＋$(3, 3)$ 成分＝0です．一方，（E_3 の対角成分の和）＝3です．

そこで $XY-YX=E_3$ となる3次行列 X，Y の不存在が示されたこととなります．

ここまでくると解決に向かってのアプローチが多くの読者に見えたことでしょう．

$n=2$, $n=3$ の場合の「帰納的思考」と線型代数において学んだ知識とを総合するならば，trace（固有和）の概念!! を思いつきます．

（問題３－７の解答）

正方行列 A，B に関して，

$$\begin{cases} Tr(A+B)=TrA+TrB \\ Tr(AB)=Tr(BA) \end{cases}$$

が成り立つので，

$$Tr(XY-YX)=Tr(XY)-Tr(YX)=0$$

一方，

$$Tr(E_n)=n$$

$\therefore$　$XY-YX=E_n$ となる n 次行列 X，Y は存在しない．

解答だけを見ていますと，あっけないほど簡単におわっています．しかし，$n=2$ の場合，$n=3$ の場合についての考察から trace（固有和）を思いつくという，帰納的に考える長い思考過程を経たうえでの結果なのです．

問題３－８

$f(x)$ は $[0,\ 1]$ 上で微分可能で，$f(0)=0$，$f(1)=1$ とする．任意の自然数 n について，以下のことが成り立つことを示せ．

$[0,\ 1]$ 上に相異なる n 個の点 x_1，x_2，$\cdots$，x_n が存在して，

$$\sum_{k=1}^{n}\frac{1}{f'(x_k)}=n$$

である．

帰納的に $n=1$ の場合より考えていきます．

$$\frac{1}{f'(x_1)}=1 \iff f'(x_1)=1$$

となる点 x_1 を $[0,\ 1]$ 上に見つければよいということになります．

条件，$f(0)=0$，$f(1)=1$ より，平均値の定理の利用を思いつくことはさほど困難ではないでしょう．

すると，$n=2$ のときは次のように考えることとなります．

区間 $[0,\ 1]$ を２つのサブ区間 $[0,\ x]$，$[x,\ 1]$ に分け，各々に平均値の定理を適用します．

$$f'(x_1)=\frac{f(x)-f(0)}{x-0}=\frac{f(x)}{x},\quad 0<x_1<x$$

そして，

$$f'(x_2)=\frac{f(1)-f(x)}{1-x}=\frac{1-f(x)}{1-x},\quad x<x_2<1$$

$\dfrac{1}{f'(x_1)}+\dfrac{1}{f'(x_2)}=2$ より，

$$\frac{x}{f(x)}+\frac{1-x}{1-f(x)}=2 \quad \cdots ①$$

を満たす x を，$0<x<1$ に求めればよいこととなりました．

以下，「後ろ向きにたどって」，①を変形していきます．

$$\begin{aligned}
① &\iff x(1-f(x))+f(x)(1-x)=2f(x)(1-f(x))\\
&\iff x-2xf(x)-f(x)+2\{f(x)\}^2=0\\
&\iff f(x)(2f(x)-1)-x(2f(x)-1)=0\\
&\iff (2f(x)-1)(f(x)-x)=0
\end{aligned}$$

結局，区間 $(0, 1)$ 上に x を，$f(x)=\dfrac{1}{2}$ となるように選べばよいこととなりました．あとは上のステップを逆向きにたどっていけばよいからです．

なお，$f(0)=0$, $f(1)=1$ より，中間値の定理によって，$f(x)=\dfrac{1}{2}$ となる x の存在は保証されています．

以上が $n=2$ のときの結論です．

$n=3$ のときは同様に考えて次のように確認できます．

$c_0=0<c_1<c_2<1=c_3$ となる2点 c_1, c_2 を，$f(c_1)=\dfrac{1}{3}$，$f(c_2)=\dfrac{2}{3}$ を満たすようにとる．平均値の定理によって，

$$f'(x_1)=\frac{f(c_1)-f(c_0)}{c_1-c_0}=\frac{1}{3(c_1-c_0)},\quad c_0<x_1<c_1$$

$$f'(x_2)=\frac{f(c_2)-f(c_1)}{c_2-c_1}=\frac{1}{3(c_2-c_1)},\quad c_1<x_2<c_2$$

$$f'(x_3)=\frac{f(c_3)-f(c_2)}{c_3-c_2}=\frac{1}{3(c_3-c_2)},\quad c_2<x_3<c_3$$

このとき，

$$\begin{aligned}
\sum_{k=1}^{3}\frac{1}{f'(x_k)}&=3(c_1-c_0)+3(c_2-c_1)+3(c_3-c_2)\\
&=3(c_3-c_0)\\
&=3
\end{aligned}$$

もう十分に結論を見通せたことと思います.

念のために以下に解答を書いておくこととします.

(問題３－８の解答)

中間値の定理より, $f(c_k)=\dfrac{k}{n}$ $(1\leqq k\leqq n-1)$ となる $(n-1)$ 個の点 c_k $(1\leqq k\leqq n-1)$ を,

$$c_0=0<c_1<c_2<\cdots<c_{n-1}<1=c_n$$

を満たすようにとる.

平均値の定理によって,

$$(c_{k-1},\ c_k)\ni {}^{\exists}x_k\ ;\ f'(x_k)=\frac{f(c_k)-f(c_{k-1})}{c_k-c_{k-1}}=\frac{\dfrac{k}{n}-\dfrac{k-1}{n}}{c_k-c_{k-1}}=\frac{1}{n(c_k-c_{k-1})}$$

このとき,

$$\begin{aligned}\sum_{k=1}^{n}\frac{1}{f'(x_k)}&=\sum_{k=1}^{n}n(c_k-c_{k-1})\\&=n(c_n-c_0)\\&=n\end{aligned}$$

問題３－９

$\sqrt{n}$ にもっとも近い整数を a_n と表すこととする.

このとき, $S=\dfrac{1}{a_1}+\dfrac{1}{a_2}+\cdots+\dfrac{1}{a_{992}}$

の値を求めよ.

$a_1,\ a_2,\ a_3\cdots$ がどうなっているか調べることから始まります. すると以下の表となります.

表３－９

n :	1	2	3	4	5	6	7	8	9	10	11	12	13	14	15	16	17	18	19	20	21	……
a_n :	1	1	2	2	2	2	3	3	3	3	3	3	4	4	4	4	4	4	4	4	5	……

$$S = 2\left(\frac{1}{1}\right) + 4\left(\frac{1}{2}\right) + 6\left(\frac{1}{3}\right) + 8\left(\frac{1}{4}\right) + \cdots$$
$$= 2 + 2 + 2 + 2 + \cdots$$

となることがまず読み取れますが，まだ不十分です．

もう少し表を精査することとします．

数列におけるパターン発見の経験がある人は次のような形の数列の規則性を見出したことがあることでしょう．

a_n の値が変化するときの n の値を取り出すと，

$$2,\ 6,\ 12,\ 20\quad\cdots\cdots$$

です．

$$2 = 1 \times 2$$
$$6 = 2 \times 3$$
$$12 = 3 \times 4$$
$$20 = 4 \times 5$$

そこで，a_n が k から $k+1$ に変化するときの境界の n の値は，

$$k(k+1)$$

と推定できます．

ここまでくれば，k と $k+1$ の中間値は，

$$k + \frac{1}{2} = \sqrt{\left(k + \frac{1}{2}\right)^2} = \sqrt{k^2 + k + \frac{1}{4}}$$

ということも思いつきます．

先が見えたことでしょう．

$a_n = k$ となる n の値は，

$$(k-1) \cdot k + 1 \leqq n \leqq k(k+1)$$

で，その個数は，

$$k(k+1) - (k-1) \cdot k = 2k\ (\text{個})$$

です．

$a_{992} = a_{31 \times 32}$ より，

$$
\begin{aligned}
S &= 2\left(\frac{1}{1}\right) + 4\left(\frac{1}{2}\right) + 6\left(\frac{1}{3}\right) + \cdots + 62\left(\frac{1}{31}\right) \\
&= 2 \qquad + 2 \qquad + 2 \qquad + \cdots + 2 \\
&= 62
\end{aligned}
$$

となります.

以上，第 3 章では「帰納的思考」について解説しました.

このストラテジーは抽象的でとっつきにくい問題を具体化することにより，いろいろと考える手助けをします.

その結果，頭を働かすならば様々な数学的アイデアも浮かんでくるということです.

第 4 章　類似問題

「類推」,「関連問題」,「似た問題を考える」等々を総称するストラテジーです.「類推」がその主な内容となります.

問題４－１

空間内に，いずれの４平面も１つの四面体を決定するように，順に平面をおいていく．n 個 $(n \geqq 1)$ の平面をおいたとき，空間はいくつの部分に分けられるか求めよ．

求める数を a_n とおきます．

帰納的に考えて，$n=1$, $n=2$, $n=3$ の場合と考えていきますと，xy 平面，yz 平面，zx 平面を想像して，

$$a_1 = 2,\ a_2 = 4,\ a_3 = 8$$

となります．そこで，

$$a_n = 2^n$$

が成立すると期待したくなります．

しかし，$n=4$ の場合の図を書いて，数えてみると，

$$a_4 = 15$$

となります．（図４－１－１参照）

方針を転換して,「類似問題」を利用して取り組むことにします．

図４－１－１

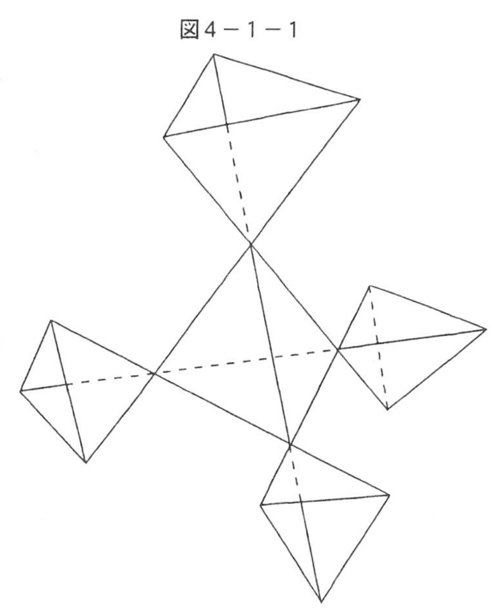

即ち，

空間→平面，平面→直線とおきかえて２次元において類推（アナロジー）すると次の問題を得ます．

問題４－１－１

平面内に，いずれの３直線も１つの三角形を決定するように，順に直線をおいていく．n 本$(n \geqq 1)$の直線をおいたとき，平面はいくつの部分に分けられるか求めよ．

この問題は高等学校の教科書においても結構取り上げられているので，多くの人には問題４－１に取り組む際の出発点として十分でしょう．

しかしここでは，さらに次元を落として１次元における類推である，次の問題を出発点とします．

問題４－１－２

直線に重なることなく順に点をおいていく．n 個$(n \geqq 1)$の点をおいたとき，直線はいくつの部分に分けられるか求めよ．

問題４－１，問題４－１－１，問題４－１－２における求める場合の数を順に a_n，b_n，c_n とおきます．

帰納的に数えていくと次のようになります．

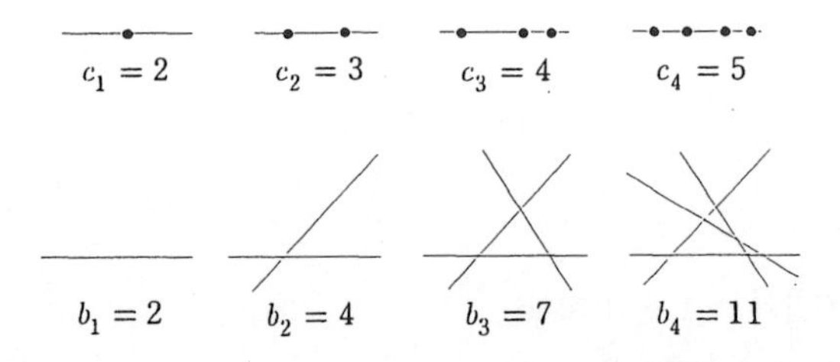

以上をまとめたものが次の表4－1－2です．

表4－1－2

n	1	2	3	4
a_n	2	4	8	15
b_n	2	4	7	11
c_n	2	3	4	5

表4－1－2を眺めていると，a_nの階差数列がb_n，b_nの階差数列がc_n，という規則性が見出されます，即ち，

$$a_{n+1}-a_n=b_n,\quad b_{n+1}-b_n=c_n$$

です．

明らかに$c_n=n+1$が成立するので，階差数列で与えられた漸化式の一般項を求める計算テクニック，「知識」を利用することにより，b_nが，さらにはa_nが求められるという見通しが得られます．あとはもう少しきちんとした推論をおこなうこととなります．

まずa_nを求めるヒントとしてb_nを求めることを考えます．

図4－1－3

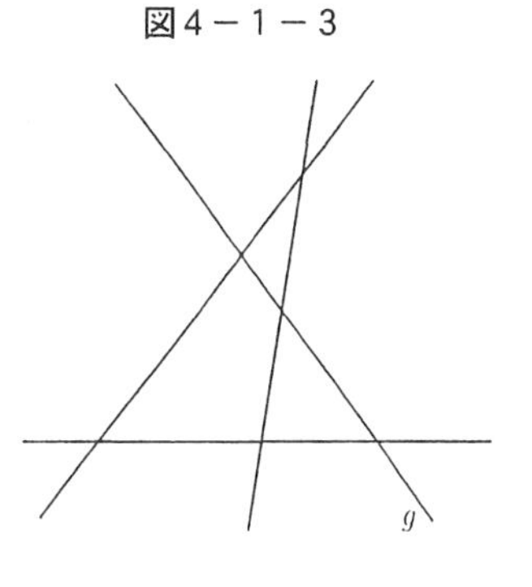

いま，n本の直線が平面上におかれているとして，新たに$(n+1)$本目の直線gをひきます．するとgは，すでにおかれている直線とn個の点で交わり，これらの交点によってgは，$c_n=n+1$個の部分に分けられます．（図4－1－3は$n=3$の場合を示しています．）

このc_n個の部分が新しい境界となり平面の部分の数は，以前よりc_n個増えるので，

$$b_{n+1}=b_n+c_n\quad\cdots①$$

が成立します．

①より，$b_{n+1}-b_n=n+1$

漸化式の一般項を求める計算テクニックを利用して，

$$
\begin{aligned}
b_n &= b_1 + \sum_{k=1}^{n-1}(k+1) \\
&= 2 + \frac{(n-1)(n+2)}{2} \\
&= \frac{1}{2}(n^2+n+2) \qquad (n \geqq 1 \text{ で O.K})
\end{aligned}
$$

以上の推論をヒントにして，次にa_nを考えます．

いま，n個の平面が空間内におかれているとして，新たに$(n+1)$個目の平面gをおいたとします．するとgは，すでにおかれているn個の平面とn本の交線で交わります．即ちg上にn本の交線がひかれることとなります．そこで，これらの交線によって，gはb_n個の部分に分けられることとなります．

例えば，gが5個目の平面とすると，既におかれている4個の平面によってg上には4本の交線がひかれることとなります．そこでgは，これら4本の交線によって，

$$b_4 = 11 \quad (\text{個})$$

の部分に分けられることとなります．（図4－1－4参照）

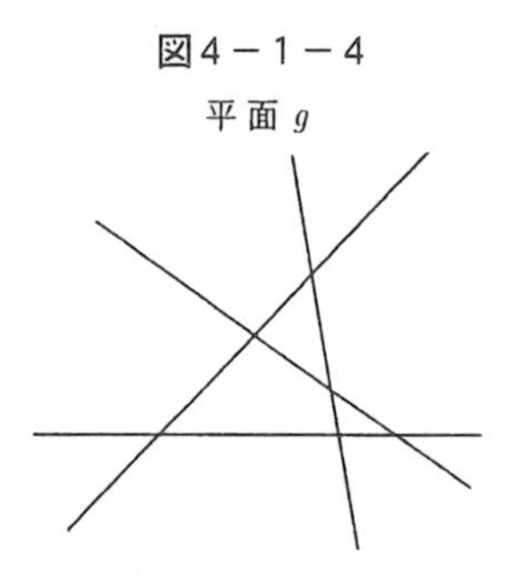
図4－1－4
平面 g

一般論に戻って，このb_n個の部分が新しい境界となり空間の部分の数は，以前よりb_n個だけ増すことが，b_nに関して成立する漸化式①を導いたときへの「類推」により，理解できます．

そこで，

$$a_{n+1} = a_n + b_n \quad \cdots ②$$

が成立します．即ち，

$$a_{n+1} - a_n = \frac{1}{2}(n^2+n+2)$$

です．あとはb_nを求めたときと同様にして，

$$
\begin{aligned}
a_n &= a_1 + \sum_{k=1}^{n-1}\frac{1}{2}(k^2+k+2) \\
&= 2 + \frac{1}{2}\left\{\frac{n(n-1)(2n-1)}{6} + \frac{n(n-1)}{2} + 2(n-1)\right\} \\
&= \frac{1}{6}(n+1)(n^2-n+6) \qquad (n \geqq 1 \text{ で O.K})
\end{aligned}
$$

類推（アナロジー）によって得られた問題４－１－１，４－１－２を考えることによって，本来の問題４－１に対する洞察が得られたのです．

即ち，平面における関係式①の成立過程への「類推」によって，空間における漸化式②が成立することを理解できたのです．

このように，空間の問題に対して，２次元において「類推」することは本来の問題への見通しを得る手助けとなることが多いのです．

次の問題４－１－３は問題４－１のある意味での「拡張」です．

問題４－１－３

問題４－１と同様に，空間内に平面をおいていく．n 個 $(n \geqq 1)$ の平面をおいたとき，

（１）有限の体積をもつ部分の数 x_n と，

（２）無限の体積をもつ部分の数 y_n

とをそれぞれ求めよ．

問題４－１と同様の考え方によって解決できるので，よかったら試みて下さい．

ちなみに，答は，

（１）$x_n = \dfrac{1}{6}(n-1)(n-2)(n-3)$

（２）$y_n = n^2 - n + 2$

です．

問題４－２

zx 平面 $(y=0)$ 上の曲線 $z = x^2$ を z 軸のまわりに１回転してできる曲面を S とする．この曲面 S の平面 $P: 2x - z + 3 = 0$ によって切った切り口を xy 平面へ正射影した図形の面積を求めよ．

さらに，曲面 S と平面 P によって囲まれた立体の体積を求めよ．

前問と同様に「類推」を利用することにより，正射影の問題は解決します．

図４－２－１より，曲面 S の方程式は次のようになります．

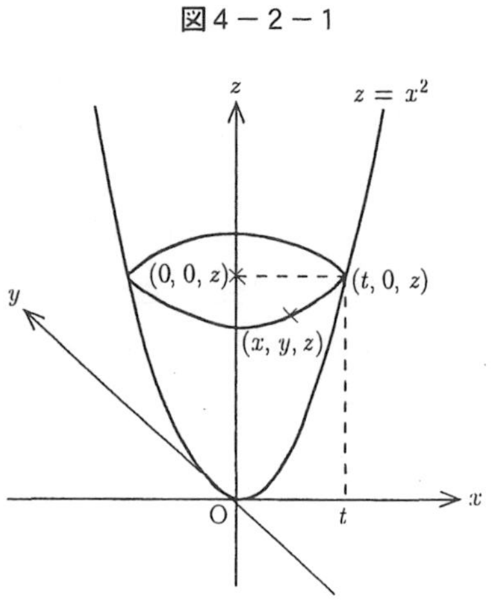

図４－２－１

$$\begin{cases} z = t^2 \\ x^2 + y^2 = t^2 \end{cases} \quad \text{より，}$$

$S : z = x^2 + y^2$

これを平面 P で切った切り口の曲線は，

$$z = x^2 + y^2,\ \ 2x - z + 3 = 0$$

です．

この曲線の xy 平面への正射影は，２次元において「類推」することにより，以下のように求まります．

２次元において対応する問題は例えば次のようになります．

問題４－２－１

zx 平面上の曲線 $z = x^2$ と直線 $2x - z + 3 = 0$ との交わりの図形を x 軸へ正射影したところの図形を求めよ．

問題の具体的意味を考えるならば，交点の x 座標を求めればよいことを知ります．

交点の x 座標は x 軸へ下した垂線の足の x 座標をも意味するからです．（図４－２－２）

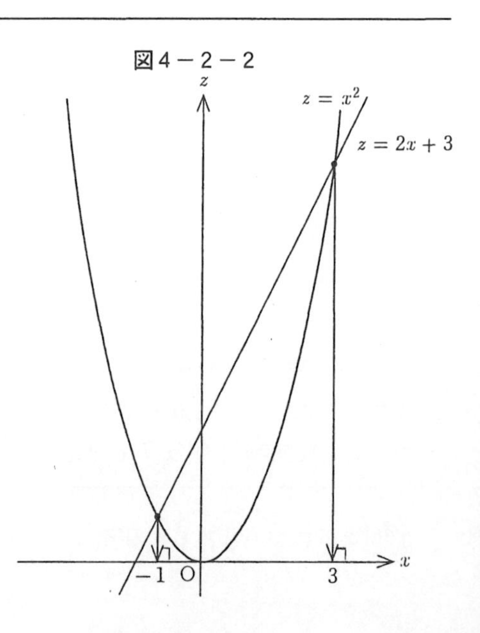

図４－２－２

そこで，２つの式，$z = x^2$, $z = 2x + 3$ より z を消去した式，$x^2 = 2x + 3 \Longleftrightarrow x^2 - 2x - 3 = 0$ が x 軸へ正射影した図形を表現することが理解できます．（より正確に表現すれば，$x^2 - 2x - 3 = 0$ かつ

$z=0$）

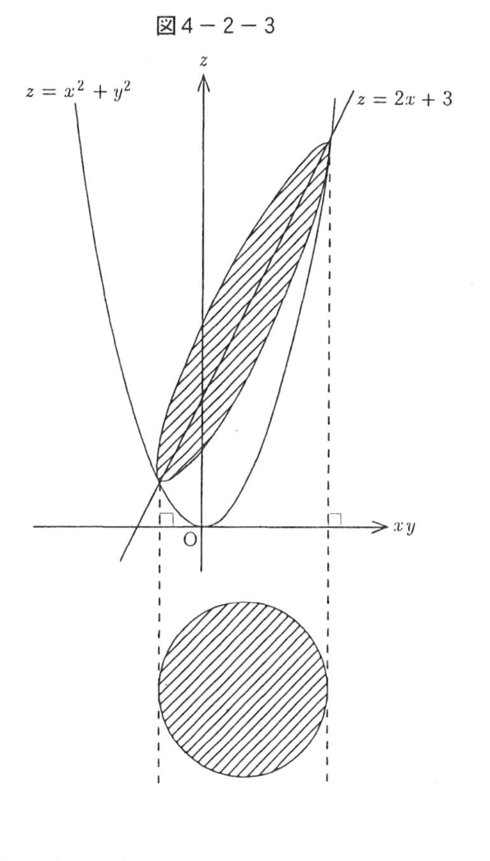

２次元における「類推」によって得られた発想をもって，原題である問題４－２に戻ります．

２つの式，$z=x^2+y^2$，$z=2x+3$ より，z を消去すればよいことが理解できます．（図４－２－３）

そこで，結果として両式より z を消去して，

$$2x+3=x^2+y^2$$

即ち，

$$(x-1)^2+y^2=2^2,\quad z=0$$

が xy 平面へ正射影した図形の方程式となります．

そこで求める面積は，半径２の円の面積となり 4π です．

問題の後半の立体の体積は入試問題において結構問われているタイプであり，次のように解決します．

平面Ｐと平行な平面，$z=2x+k$ $(-1\leqq k\leqq 3)$ で切った切り口の xy 平面への正射影は前半と同様にして，

$$x^2+y^2=2x+k \Longleftrightarrow (x-1)^2+y^2=k+1$$

その円の面積は，

$$\pi(k+1)$$

です．

平面Ｐが xy 平面となす角の $\tan=2$ なので，もとの切り口の面積は，

$$\pi(k+1)\times\sqrt{1^2+2^2}$$

$$= \sqrt{5}\,\pi(k+1)$$

となります.

k と$k+\Delta k$ の範囲にある立体の微小部分の体積, ΔV は,

$$\Delta V \fallingdotseq \sqrt{5}\,\pi(k+1)\times\frac{\Delta k}{\sqrt{5}}$$

(図4－2－4)

$$= \pi(k+1)\times\Delta k$$

そこで, 求める体積

$$V = \int_{-1}^{3}\pi(k+1)\,dk$$

$$= \pi\left[\frac{1}{2}(k+1)^2\right]_{-1}^{3}$$

$$= 8\pi$$

となります.

図4－2－4

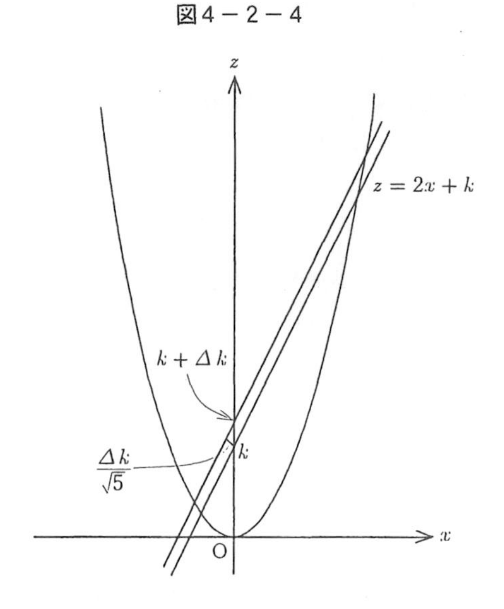

問題4－3

座標空間において右図のように点A, B, C, D が与えられている. 点 P が線分AB 上を動くとき, 折れ線 CPD の長さ,

$$\mathrm{CP}+\mathrm{PD}$$

を最小にする点 P の座標を求めよ.

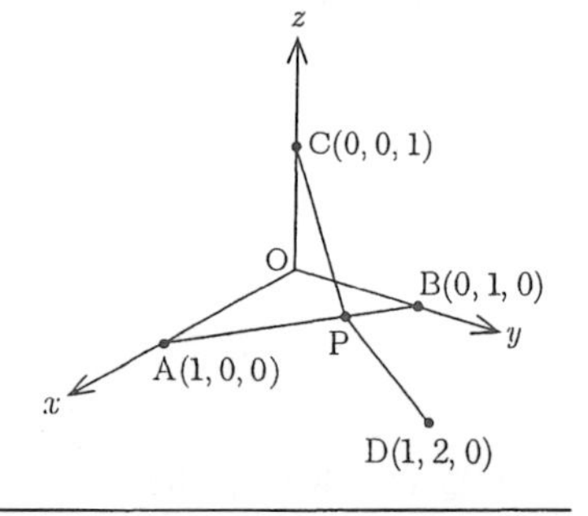

---

2 次元における類推, あるいはまた 3 次元において似た問題による類推をおこなうと次のようになります.

問題4－3－1

xy 平面において, 直線 g 上を点 P が動くとき, 折れ線の長さ $\mathrm{CP}+\mathrm{PD}$ を最小にする点 P を求めよ.

問題４－３－２

座標空間において，平面 g 上を点Ｐが動くとき，折れ線の長さ CP＋PD を最小にする点Ｐを求めよ．

どちらの問題も図４－３－１のような図を考えることとなります．

図４－３－１

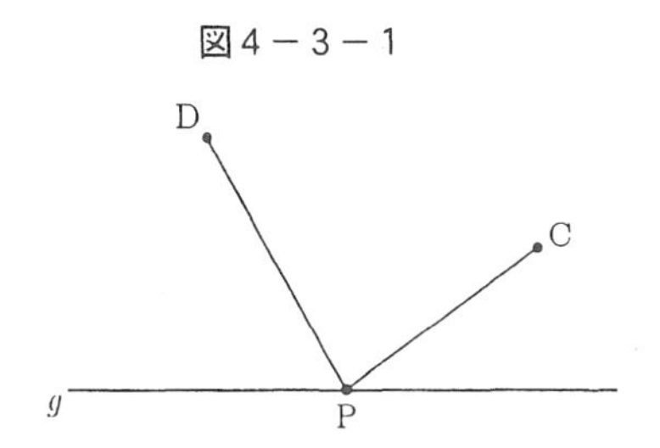

類推した問題４－３－１，問題４－３－２の類題を多くの人が高等学校時代に学習した経験を持っているはずです．

これらの問題における解決へのポイントは，例えば，点Ｃの g に関しての対称点C′を用意することでした．

なぜならば，線分 DC′ と g との交点をＰとし，g 上の任意の点をＱとすると，

$$\begin{aligned} \mathrm{CP}+\mathrm{PD} &= \mathrm{C'P}+\mathrm{PD} \\ &= \mathrm{C'D} \\ &< \mathrm{C'Q}+\mathrm{QD}=\mathrm{CQ}+\mathrm{QD} \end{aligned}$$

が成立して，点Ｐが求める点となるからです．

図４－３－２

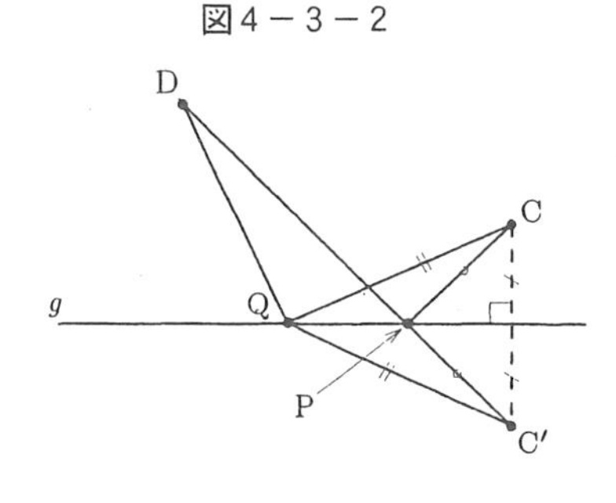

類推した問題から得られた，対称点C′を用意するという着想によって，問題４－３は次のように問題解決します．

線分 AB と点Ｄによって張られる平面である xy 平面上に，点Ｃに対応する点を用意する必要がある．そこで AB を回転軸として点Ｃを回転させて，xy 平面との交点を用意します．

即ち，線分 AB の中点をＭとして，線

図４－３－３

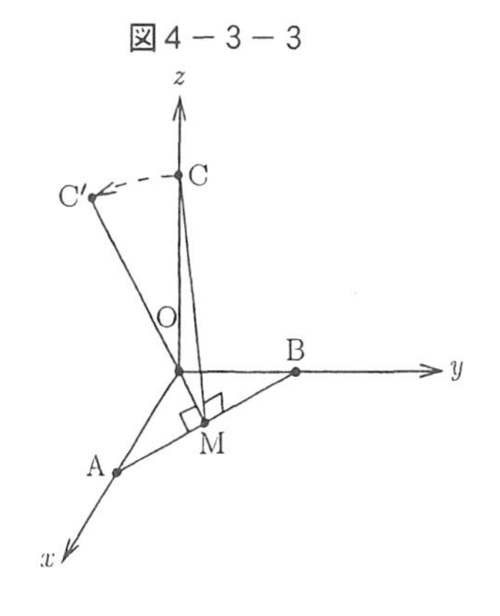

分 MC を AB を回転軸として回転させて xy 平面との交点を C′ とします.

線分 DC′ と線分 AB との交点を P として, 線分 AB 上の他の点 Q との折れ線の長さを比較すると,

$$\begin{aligned}\mathrm{CP}+\mathrm{PD}&=\mathrm{C'P}+\mathrm{PD}\\&=\mathrm{C'D}\\&<\mathrm{C'Q}+\mathrm{QD}=\mathrm{CQ}+\mathrm{QD}\end{aligned}$$

よって点 P が求める点です.

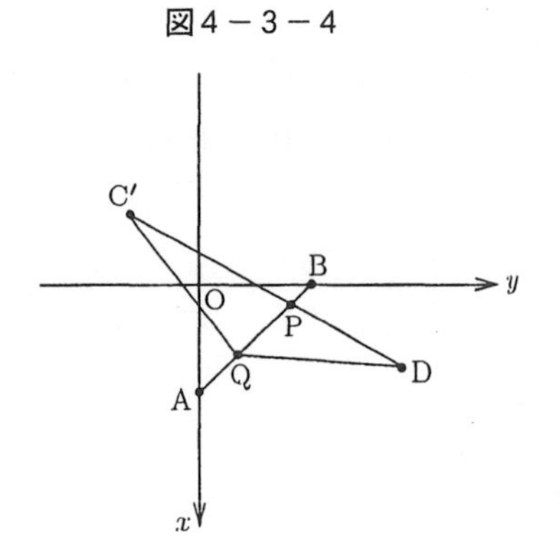

図4－3－4

あとは代数計算をすればよいこととなります.

$$\mathrm{CA}=\sqrt{2},\ \ \mathrm{AM}=\frac{1}{2}\mathrm{AB}=\frac{\sqrt{2}}{2}$$

$$\therefore\quad \mathrm{C'M}=\mathrm{CM}=\sqrt{\mathrm{CA}^2-\mathrm{AM}^2}=\frac{\sqrt{6}}{2}$$

$\mathrm{OM}=\dfrac{\sqrt{2}}{2}$ より

$$\mathrm{OC'}=\mathrm{C'M}-\mathrm{OM}=\frac{\sqrt{6}-\sqrt{2}}{2}$$

$$\therefore\quad \mathrm{C'}\left(-\frac{\sqrt{3}-1}{2},\ -\frac{\sqrt{3}-1}{2}\right)$$

$$\mathrm{C'D}:y-2=\frac{2+\dfrac{\sqrt{3}-1}{2}}{1+\dfrac{\sqrt{3}-1}{2}}(x-1)$$

$$\iff y=\sqrt{3}x+2-\sqrt{3}$$

$\mathrm{AB}:x+y=1$ と連立して

$$\mathrm{P}(2-\sqrt{3},\ \sqrt{3}-1,0)\qquad\cdots(答)$$

「類似問題」, とりわけ「類推」は, 以上の例題から理解できるように, 空間の問題において解決への糸口を示唆する場面の多いストラテジーです.

しかし空間の問題にその適用が限られるわけではありません.

次の問題はそうした例です.

問題4－4

実数 x, y が

$$x^2+y^2-2x=3$$

をみたしながら変化するとき，$|x|+|y|$ のとりうる値の範囲を求めよ.

問題4－4－1

実数 x, y が

$$x^2+y^2-2x=3$$

をみたしながら変化するとき，$x+y$ のとりうる値の範囲を求めよ.

図4－4

問題4－4より，教科書においても同様の問題がのっているところの似た問題である，問題4－4－1を類推することによって以下のように解決します.

$x^2+y^2-2x=3$

$\Longleftrightarrow (x-1)^2+y^2=2^2 \quad \cdots①$

$|x|+|y|=k\,(\geqq 0) \quad \cdots②$

円①と図形②とが共有点をもつ k の値の範囲が $|x|+|y|$ のとりうる値の範囲です.

そこで k の値をいろいろ変えて図形②を動かすことにより，$(-1,0)$, $(1+\sqrt{2},\sqrt{2})$ の2点に注意すればよいこととなります．そこで，

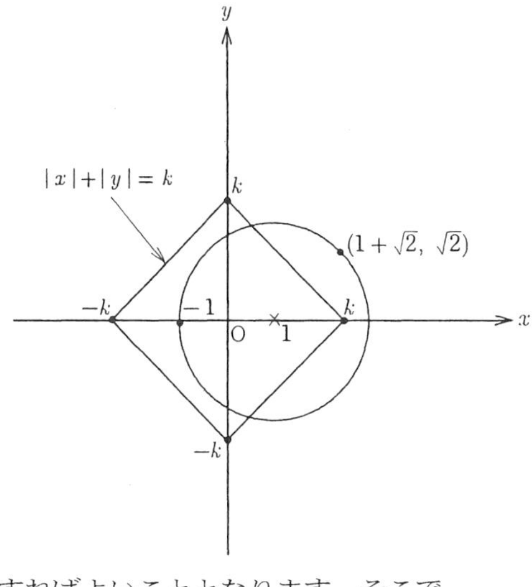

$$1\leqq|x|+|y|\leqq 1+2\sqrt{2}$$

となります.

当章では，「類似問題」とくに「類推」を中心として解説をしました.

第 5 章　変数を少なくする

問題5－1

$|a|, |b|, |c|, |d| < 1$ のとき，次の不等式を証明せよ．

$$a + b + c + d - abcd < 3$$

前章に習い，文字をへらして3文字そして2文字において類推すると次の問題を得ます．

問題5－1－1

$|a|, |b|, |c| < 1$ のとき，次の不等式を証明せよ．

$$a + b + c - abc < 2$$

問題5－1－2

$|a|, |b| < 1$ のとき，次の不等式を証明せよ．

$$a + b - ab < 1$$

多くの人が解いた経験のある，2 文字において類推した問題，問題5－1－2を見通しながら，原題である問題5－1との対比によって，3文字における類推として，問題5－1－1を得るのです．

もちろん，問題5－1－2は，

$$\text{右辺} - \text{左辺} = (1-a)(1-b) > 0$$

より成立します．

問題5－1－1も問題5－1－2の結果および同様の式変形によって証明できます．即ち，

$$\begin{aligned}\text{右辺} - \text{左辺} &= 2 + abc - (a + b + c)\\ &= 1 + abc + 1 + ab - ab - (a + b + c)\end{aligned}$$

$$= (1-ab)(1-c) + (1-a)(1-b)$$
$$> 0$$

ここまでくれば，問題５－１も同様の方法で解決できるという見通しが得られることでしょう．

（問題５－１の解答）

$$\text{右辺} - \text{左辺} = 3 + abcd - (a+b+c+d)$$
$$= 1 + abcd + 2 + abc - abc - (a+b+c+d)$$
$$= (1-abc)(1-d) + 2 + abc - (a+b+c)$$
$$> 0 \quad (\because \text{問題５－１－１})$$

こうして初めて，次のような市販の解答における式変形の必然性も理解できるのです．

$$\text{左辺} = a + b - ab - 1 + ab + 1 + c + d - abcd$$
$$= -(1-a)(1-b) + ab + c - abc - 1 + 2 + abc + d - abcd$$
$$= -(1-a)(1-b) - (1-ab)(1-c) + abc + d - abcd - 1 + 3$$
$$= -(1-a)(1-b) - (1-ab)(1-c) - (1-abc)(1-d) + 3$$
$$< 3$$

文字が多くてゴタゴタした問題では，より少ない文字の問題において類推することにより，解決に向かっての視野が開けることが多いのです．

こうした「変数を少なくする」のストラテジーの考え方は「類似問題」とりわけ「類推」の特殊例とも言えます．しかしこの例のように，このストラテジーが劇的な効果をもたらす問題も結構多いのです．そこで教授効果も考えて，独立して取り上げています．

次の例題も同様です．

問題５－２

$a,\ b,\ c,\ d \in \mathbb{R}$ とする．

$$a^2 + b^2 + c^2 + d^2 = ab + bc + cd + da$$
$$\Longrightarrow a = b = c = d$$

を証明せよ．

問題５－３

$a,\ b,\ c \geqq 1$ のとき，次の不等式を証明せよ．

$$4(abc+1) \geqq (1+a)(1+b)(1+c)$$

「変数を少なくする」と次の問題となります．

問題５－２－１

$a,\ b,\ c \in \mathbb{R}$ とする．

$$a^2+b^2+c^2=ab+bc+ca$$
$$\Longrightarrow a=b=c$$

を証明せよ．

仮定の式 $\Longleftrightarrow a^2+b^2+c^2-ab-bc-ca=0$

の形より，次の因数分解の公式を思い起こすならば，それで十分です．

$$a^3+b^3+c^3-3abc=(a+b+c)(a^2+b^2+c^2-ab-bc-ca)$$

なぜならば，ここまでくると，３文字の相加相乗平均の不等式の証明への準備として，以下の式変形を思い出すからです．

$$a^2+b^2+c^2-ab-bc-ca$$
$$=\frac{1}{2}\{(a-b)^2+(b-c)^2+(c-a)^2\}$$

（ちなみにこの式より，$a,\ b,\ c>0$ のとき，

$$a^3+b^3+c^3-3abc \geqq 0$$

となり，相加平均≧相乗平均が成立します．）

原題である，問題５－２の解決もパッとひらめきます．

（問題５－２の解答）

仮定 $\Longleftrightarrow a^2+b^2+c^2+d^2-ab-bc-cd-da=0$

$$\Longleftrightarrow \frac{1}{2}(2a^2+2b^2+2c^2+2d^2-2ab-2bc-2cd-2da)=0$$

$$\Longleftrightarrow \frac{1}{2}\{(a-b)^2+(b-c)^2+(c-d)^2+(d-a)^2\}=0$$

よって，$a=b=c=d$ が成立．

問題５－３を「変数を少なくする」に従うと次の問題となります．

問題５－３－１

$a,\ b \geqq 1$のとき，次の不等式を証明せよ．

$$2(ab+1) \geqq (1+a)(1+b)$$

問題５－３－１の不等式は左辺－右辺を計算することにより普通に示せます．即ち，

$$\begin{aligned}\text{左辺}-\text{右辺} &= ab+1-a-b\\ &= (a-1)(b-1)\\ &\geqq 0\end{aligned}$$

今までの例題とは異なり，問題５－３では「変数を少なくする」ことによって得られた問題５－３－１の結果をストレートには利用しにくいのです．

そこで以下のように工夫して利用することにより，簡明に解決することとなります．

$2(ab+1) \geqq (1+a)(1+b)$ より，

$$2(ab+1)(1+c) \geqq (1+a)(1+b)(1+c)$$

$$\begin{aligned}&4(abc+1)-2(ab+1)(1+c)\\ &= 2\{2(abc+1)-(ab+1)(1+c)\}\\ &= 2(abc+1-ab-c)\\ &= 2(ab-1)(c-1)\\ &\geqq 0\end{aligned}$$

よって，$4(abc+1) \geqq 2(ab+1)(1+c) \geqq (1+a)(1+b)(1+c)$

「変数を少なくする」ことにより得られた結果の利用の仕方にもいろいろなバリエーションがあるということです．

なお，「変数を少なくする」のストラテジーには，以上のような考え方の他に，式変形の過程において文字通り「変数を少なくする」考え方，方針も含まれています．

多くの変数を含んでいる問題では，より少ない数の変数の形に置き換えて考えていくことが重要であるという共通の考え方を有するからです．

以下ではこうした例題を２題取り上げます．

問題５－４

実数 x, y, z が

$$\begin{cases} x+y+z=1 \\ x \geqq y \geqq z \geqq 0 \end{cases} \quad \cdots(*)$$

を満たしながら変化するとき，$ax+by+cz$ の取り得る値の範囲を求めよ．ただし，a, b, c は $a<b<c$ を満たす定数とする．

---

y を消去する（へらす）という方針にたつと以下のような変形となります．

$$(*) \iff \begin{cases} y=1-x-z \\ x \geqq 1-x-z \geqq z \geqq 0 \end{cases}$$

$$\iff \begin{cases} y=1-x-z \\ x \geqq 1-x-z \\ 1-x-z \geqq z \\ z \geqq 0 \end{cases}$$

$$\iff \begin{cases} y=1-x-z \\ \left.\begin{array}{l} z \geqq -2x+1 \\ z \leqq -\dfrac{1}{2}x+\dfrac{1}{2} \\ z \geqq 0 \end{array}\right\} \quad \cdots(☆) \end{cases}$$

一方，$ax+by+cz=ax+b(1-x-z)+cz$

$\qquad\qquad\qquad\quad =(a-b)x+(c-b)z+b$ より，

「xz 平面において，$(x,\ z)$ が(☆)の関係を満たすとき，$(a-b)x+(c-b)z$ の取り得る値の範囲を求めよ．」

という見慣れたタイプの問題に還元されました．即ち，

$$(a-b)x+(c-b)z=k$$

$$\Longleftrightarrow z=\frac{b-a}{c-b}x+\frac{k}{c-b} \quad \cdots ①$$

とおくことにより，(☆)を満たす領域と直線①とが共有点をもつ範囲が k の取り得る値の範囲です．

直線①の傾き：$\dfrac{b-a}{c-b}>0$ に注意すると，$\left(\dfrac{1}{3},\ \dfrac{1}{3}\right)$ を通るとき k は最大，$(1,\ 0)$ を通るとき k は最小とわかります．

（図５－４）

そこで，$a \leqq ax+by+cz \leqq \dfrac{1}{3}(a+b+c)$

と求まります．

図５－４

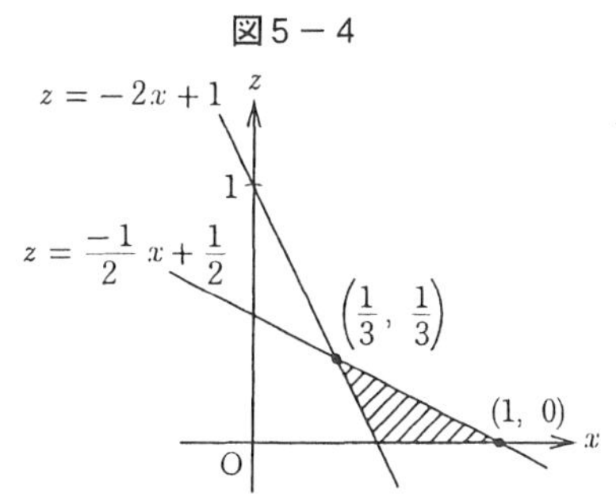

問題５－５

任意の実数 a, b に対して，次の不等式が成立することを証明せよ．

$$|a+b|^p \leqq |a|^p+|b|^p,\quad 0 \leqq p \leqq 1$$

$a=0$ の場合および a と b が異符号の場合には与不等式の成立は明らかです．

また $p=0$ および $p=1$ のとき，成立することも明らかです．

そこで，$a,\ b>0,\ 0<p<1$ のとき成立することを示せばよいこととなります．

「変数を少なくする」ために，

$$\frac{b}{a}=x$$

の変数変換をすることによって，次の不等式が成立することを示せばよいこととなります．

$$(1+x)^p \leqq 1+x^p,\quad 0<x,\quad 0<p<1$$

右辺－左辺 $=1+x^p-(1+x)^p=f(x)$ とおくと，

$$f(0)=0$$

$$f'(x)=p\{x^{p-1}-(1+x)^{p-1}\}>0 \qquad (\because \quad p-1<0)$$

よって，$f(x)>0$ となり，$(1+x)^p \leqq 1+x^p$
即ち，与不等式の成立が示されました.

このように，「変数を少なくする」は二つの考え方を含むストラテジーです.
最後に，両方の考え方を利用する例題を取り上げることとします.

問題５－６

任意の自然数 n に対して，次の式を満たす自然数の組 $(a_1,\ a_2,\ \cdots,\ a_n,\ b)$ は無限に存在することを示せ.

$$a_1^2+a_2^2+\cdots+a_n^2=b^2$$

$n=1$ の場合は明らかなので，$n=2$ の場合に変数を少なくして考えると次の問題となります.

問題５－６－２

$a_1^2+a_2^2=b^2$ を満たす自然数の組 $(a_1,\ a_2,\ b)$ は無限に存在する.

ピタゴラス数が無限に存在することを示す問題となります.
文字をへらすべく以下の変数変換をおこないます.

$$\frac{a_1}{b}=x,\quad \frac{a_2}{b}=y \qquad \cdots①$$

すると，問題５－６－２を示すためには，

$$\text{単位円：}\ x^2+y^2=1$$

上に有理点が無数存在することを示せば良いこととなります. そのために連立方程式,

$$\begin{cases} x^2+y^2=1 \\ y=s(x+1) \end{cases}$$

を解くことにより，$(x,\ y)=(-1,\ 0)$ 以外に,

$$x=\frac{1-s^2}{1+s^2},\quad y=\frac{2s}{1+s^2}$$

を得ます．$s=\dfrac{p}{q}$ とおくことにより，

$$x=\frac{q^2-p^2}{q^2+p^2},\quad y=\frac{2pq}{q^2+p^2}\qquad\cdots②$$

となります．

①，②より問題5－6－2では，

$$a_1=q^2-p^2,\quad a_2=2pq,\quad b=q^2+p^2$$

とおき，p, q を $q>p>0$ を満たす自然数とすればよいこととなります．

この方法は一般のケースに応用可能ですが，見通し易くするために，$n=3$ の場合で確認しておきます．

問題5－6－3

$a_1^2+a_2^2+a_3^2=b^2$ を満たす自然数の組 $(a_1,\ a_2,\ a_3,\ b)$ は無限に存在する．

$\dfrac{a_1}{b}=x_1,\ \dfrac{a_2}{b}=x_2,\ \dfrac{a_3}{b}=x_3$ と変数変換して，

$$x_1^2+x_2^2+x_3^2=1$$

を満たす有理数の組 $(x_1,\ x_2,\ x_3)$ が無限に存在することを示せばよいこととなります．

$$\begin{cases}x_1^2+x_2^2+x_3^2=1\\ x_2=s_2(x_1+1)\\ x_3=s_3(x_1+1)\end{cases}$$

を解くことにより，$(x_1,\ x_2,\ x_3)=(-1,\ 0,\ 0)$ 以外に，

$$\begin{cases}x_1=\dfrac{1-s_2^2-s_3^2}{1+s_2^2+s_3^2}\\ x_2=\dfrac{2s_2}{1+s_2^2+s_3^2}\\ x_3=\dfrac{2s_3}{1+s_2^2+s_3^2}\end{cases}$$

を得ます．あとは $n=2$ の場合と同様にして，

$$s_2=\frac{p_2}{q_2},\quad s_3=\frac{p_3}{q_3}$$

とおけばよいことは明らかです.

もう一般の場合への見通しは十分に得られたはずです.

原題である，問題５－６では,

$$\frac{a_i}{b}=x_i \ (1 \leqq i \leqq n)$$

と変数変換して,

$$x_1^2+x_2^2+\cdots+x_n^2=1 \quad \cdots(1)$$

を満たす有理数の組が無限に存在することを示せばよいこととなります．そのために,

$$\begin{cases} x_2=s_2(x_1+1) \\ x_3=s_3(x_1+1) \\ \vdots \quad \vdots \\ x_n=s_n(x_1+1) \end{cases}$$

と(1)を連立して解き，さらに$s_i=\dfrac{p_i}{q_i}$とおき直せばよいことは，$n=2$や$n=3$の場合への類推によって明らかです.

こうして,「変数を少なくして」考えることを手掛かりとして,

$$a_1^2+a_2^2+\cdots+a_n^2=b^2$$

を満たす自然数の組は無限に存在することがわかりました.

第 6 章　特殊化，一般化

問題 6 － 1

n を 2 以上の整数とする.

（1） 任意の正の数 a, b に対して，不等式 $2^{n-1}(a^n+b^n) \geqq (a+b)^n$ が成り立つことを証明せよ.

（2） 任意の正の数 a, b, c に対して，不等式 $3^{n-1}(a^n+b^n+c^n) \geqq (a+b+c)^n$ が成り立つことを証明せよ.

不等式の証明問題では特定の文字に着目して，その文字の関数式へと読み換える「一般化」が有効となることが多い．例えば，（1）では b の式と考え，わかりやすくするために $b=x>0$ と書き換えると，

$$\text{左辺}-\text{右辺}=2^{n-1}(x^n+a^n)-(x+a)^n=f(x)\geqq 0$$

を $x>0$ において示せばよいこととなります.

$$\begin{aligned} f'(x) &= 2^{n-1}\cdot n\cdot x^{n-1}-n(x+a)^{n-1} \\ &= n\{(2x)^{n-1}-(x+a)^{n-1}\} \end{aligned}$$

ここで，$2x>x+a \Longleftrightarrow x>a$

よって，増減表は表 6 － 1 － 1 となるので，

$$f(x)\geqq f(a)=0$$

が成立します.

表 6 － 1 － 1

x	0		a	
f'		$-$	0	$+$
f		↘		↗

（2）も同様です．$c=x$ と置き換えることにより，

$$\text{左辺}-\text{右辺}=3^{n-1}(x^n+a^n+b^n)-(x+a+b)^n=g(x)\geqq 0$$

を $x>0$ において示せば O．K．です.

$$g'(x) = 3^{n-1} \cdot n \cdot x^{n-1} - n(x+a+b)^{n-1}$$
$$= n\{(3x)^{n-1} - (x+a+b)^{n-1}\}$$
$$3x > x+a+b \iff x > \frac{a+b}{2}$$

表6－1－2

x	0		$\frac{a+b}{2}$	
g'		$-$	0	$+$
g		↘		↗

表６－１－２より

$$g(x) \geqq g\left(\frac{a+b}{2}\right)$$
$$= 3^{n-1}\left\{\frac{(a+b)^n}{2^n} + a^n + b^n\right\} - \left\{\frac{3}{2}(a+b)\right\}^n$$
$$= \left(\frac{3}{2}\right)^{n-1}\left\{\frac{(a+b)^n}{2} + 2^{n-1}(a^n+b^n) - \frac{3}{2}(a+b)^n\right\}$$
$$= \left(\frac{3}{2}\right)^{n-1}\left\{2^{n-1}(a^n+b^n) - (a+b)^n\right\}$$
$$\geqq 0 \ (\because (1))$$

不等式の証明問題を関数の値域の問題へと「一般化」することによって，微分という道具の利用が可能となり解き易くなったのです．

また以上の証明を振り返ると，数学的帰納法を利用することにより，問題６－１を「一般化」した次の問題６－２の成立が予見されます．（「一般化」には様々な様相があるということです．）

問題６－２

n を２以上の整数とする．

k 個の任意の正の数 a_i $(1 \leqq i \leqq k)$ に対して，不等式，

$$k^{n-1}(a_1^n + a_2^n + \cdots + a_k^n) \geqq (a_1 + a_2 + \cdots + a_k)^n$$

が成り立つことを証明せよ．

数学的帰納法による証明における stepⅡのみを記すと次のようになります．

$(k-1)$ 個の場合の成立を仮定して，$a_k = x$ とおき，

$$f(x) = k^{n-1}(x^n + a_1^n + \cdots + a_{k-1}^n) - (x + a_1 + \cdots + a_{k-1})^n \geqq 0$$

を示す．

$$f'(x) = k^{n-1} \cdot n \cdot x^{n-1} - n(x + a_1 + \cdots + a_{k-1})^{n-1}$$
$$= n\{(kx)^{n-1} - (x + a_1 + \cdots + a_{k-1})^{n-1}\}$$
$$kx > x + a_1 + \cdots + a_{k-1} \Longleftrightarrow x > \frac{a_1 + \cdots + a_{k-1}}{k-1}$$

$$f(x) \geqq f\left(\frac{a_1 + \cdots + a_{k-1}}{k-1}\right)$$
$$= k^{n-1}\left\{\left(\frac{a_1 + \cdots + a_{k-1}}{k-1}\right)^n + a_1^n + \cdots + a_{k-1}^n\right\} - \left\{\frac{k}{k-1}(a_1 + \cdots + a_{k-1})\right\}^n$$
$$= \left(\frac{k}{k-1}\right)^{n-1}\left\{\frac{(a_1 + \cdots + a_{k-1})^n}{k-1} + (k-1)^{n-1}(a_1^n + \cdots + a_{k-1}^n) - \frac{k}{k-1}(a_1 + \cdots + a_{k-1})^n\right\}$$
$$= \left(\frac{k}{k-1}\right)^{n-1}\{(k-1)^{n-1}(a_1^n + \cdots + a_{k-1}^n) - (a_1 + \cdots + a_{k-1})^n\}$$
$$\geqq 0 \quad (\because \text{帰納法の仮定})$$

問題6－2の結論の不等式において，$k=3$ そして $n=2$ あるいは3とおいて「特殊化」すると，不等式の証明の項目においてよく見かける次の問題が生成されます．（問題6－1（2）において $n=2,\ 3$ と「特殊化」しても同様です．）

問題6－3

正の数 $a,\ b,\ c$ に対して次の不等式が成り立つことを証明せよ．

（1）$3(a^2 + b^2 + c^2) \geqq (a + b + c)^2$

（2）$9(a^3 + b^3 + c^3) \geqq (a + b + c)^3$

このように「一般化」と「特殊化」は相互に関連し合った概念です．こうした様相を念頭において，正反対の概念を一まとめにして，「特殊化，一般化」のストラテジーとしています．

なお，問題6－2の不等式は $n=k$ とおくことにより，次の不等式に「特殊化」できます．

$$k^{k-1}(a_1^k + a_2^k + \cdots + a_k^k) \geqq (a_1 + a_2 + \cdots + a_k)^k$$
$$\Longleftrightarrow \frac{a_1^k + a_2^k + \cdots + a_k^k}{k} \geqq \left(\frac{a_1 + a_2 + \cdots + a_k}{k}\right)^k \quad \cdots ①$$

また，log のグラフが上に凸であることより，

$$\log\frac{a_1+a_2+\cdots+a_k}{k} \geqq \frac{\log a_1+\log a_2+\cdots+\log a_k}{k} \quad \cdots②$$

$$\Longleftrightarrow \log\left(\frac{a_1+a_2+\cdots+a_k}{k}\right)^k \geqq \log(a_1\cdot a_2\cdot\cdots\cdot a_k) \quad \cdots③$$

が成り立ちます．①と③より次の不等式が成立します．

$$\frac{a_1^k+a_2^k+\cdots+a_k^k}{k} \geqq \left(\frac{a_1+a_2+\cdots+a_k}{k}\right)^k \geqq a_1\cdot a_2\cdot\cdots\cdot a_k$$

$a_i^k = A_i \Longleftrightarrow a_i = \sqrt[k]{A_i}$ とおいて，左の項と右の項を不等号，≧で直接つなげると n 個の相加相乗平均の不等式が出てきます．（もっとも log のグラフが上に凸であることより得られた不等式②を変形することによって直接得ることができるので証明としてはほとんど意味ありませんが．n 個の相加相乗平均の不等式に関しては，appendix A において補足してあります．）

問題６－４

a, b, c, d を正の実数とするとき，次の不等式を証明せよ．

（１）$2\left(\dfrac{a+b}{2}-\sqrt{ab}\right) \leqq 3\left(\dfrac{a+b+c}{3}-\sqrt[3]{abc}\right)$

（２）$3\left(\dfrac{a+b+c}{3}-\sqrt[3]{abc}\right) \leqq 4\left(\dfrac{a+b+c+d}{4}-\sqrt[4]{abcd}\right)$

問題６－１と同様に，関数へ「一般化」することによって解決するので（２）のみ記します．

$d = x^4 \Longleftrightarrow \sqrt[4]{d} = x$ とおくと，

$$右辺-左辺 = x^4 - 4\sqrt[4]{abc}\,x + 3\sqrt[3]{abc} = f(x) \geqq 0$$

を $x>0$ において示せばよいこととなります．

$f'(x) = 4(x^3 - \sqrt[4]{abc})$ より，

$$\begin{aligned} f(x) &\geqq f((abc)^{\frac{1}{12}}) \\ &= (abc)^{\frac{1}{3}} - 4(abc)^{\frac{1}{4}+\frac{1}{12}} + 3(abc)^{\frac{1}{3}} \\ &= 0 \end{aligned}$$

よって証明されました．

問題６－４を「一般化」すると次の問題となります．

問題６－５

a_i $(1 \leqq i \leqq n+1)$ を正の実数とするとき，次の不等式を証明せよ．

$$n\left(\frac{a_1+\cdots+a_n}{n}-\sqrt[n]{a_1\cdot\cdots\cdot a_n}\right)\leqq(n+1)\left(\frac{a_1+\cdots+a_n+a_{n+1}}{n+1}-\sqrt[n+1]{a_1\cdot\cdots\cdot a_n\cdot a_{n+1}}\right)$$

見易くするために，$a_{n+1}=x^{n+1} \Longleftrightarrow \sqrt[n+1]{a_{n+1}}=x$，$(a_1\cdot\cdots\cdot a_n)^{\frac{1}{n(n+1)}}=A$ とおくと，

$$\begin{aligned}右辺-左辺 &= a_{n+1}-(n+1)\sqrt[n+1]{a_1\cdot\cdots\cdot a_n\cdot a_{n+1}}+n\sqrt[n]{a_1\cdot\cdots\cdot a_n}\\ &= x^{n+1}-(n+1)A^n x+nA^{n+1}=f(x)\geqq 0\end{aligned}$$

が成り立つことを $x>0$ で示せばO．K．です．

$f'(x)=(n+1)(x^n-A^n)$ より，

$$\begin{aligned}f(x)&\geqq f(A)\\ &=A^{n+1}-(n+1)A^{n+1}+nA^{n+1}\\ &=0\end{aligned}$$

$n=2$ と「特殊化」した問題６－４（１）において，

$$0\leqq 2\left(\frac{a+b}{2}-\sqrt{ab}\right)$$

は成立しますので結局，

$$0\leqq n\left(\frac{a_1+\cdots+a_n}{n}-\sqrt[n]{a_1\cdot\cdots\cdot a_n}\right)$$

が成立して，n 個の相加相乗平均の不等式が導き出されることとなります．

不等式の問題を関数の問題へと「一般化」するのは微分を利用するためだけではありません．次の問題はそうした例です．

問題６－６

a, b は実数で，$b \neq 0$ とする．xy 平面に原点 $\mathrm{O}(0,\ 0)$ および２点 $\mathrm{P}(1,\ 0)$，$\mathrm{Q}(a,\ b)$ をとる．

（1） △OPQ が鋭角三角形となるための a, b の条件を不等式で表し，点 (a, b) の範囲を ab 平面上に図示せよ．

（2） m, n を整数とする．a, b が（1）で求めた条件を満たすとき，不等式

$$(m+na)^2-(m+na)+n^2b^2 \geqq 0$$

が成り立つことを示せ．

（1）の答は図を書いて具体的に考えるならば，式を作らなくとも，帯状領域，$0<a<1$ より OP を直径とする円；$\left(a-\frac{1}{2}\right)^2+b^2=\left(\frac{1}{2}\right)^2$ をくりぬいた領域となります．即ち，

$$0<a<1 \text{ かつ } \left(a-\frac{1}{2}\right)^2+b^2>\frac{1}{4} \quad \cdots①$$

の領域です．（図省略）

（2）では，①$\Longleftrightarrow a^2-a+b^2>0$ より，「変数を少なくする」ことを考えると，

$$\begin{aligned}
&(m+na)^2-(m+na)+n^2b^2\\
&=m^2-m+2mna-na+n^2(a^2+b^2)\\
&\geqq m^2-m+2mna-na+n^2a\\
&=n(2m-1+n)a+m^2-m=f(a)
\end{aligned}$$

となり，$f(a)\geqq 0$ を示せばよいこととなります．

$f(a)$ の式は横軸に a をとることにより直線の式となります．

$0<a<1$ より，$f(0)\geqq 0$ かつ $f(1)\geqq 0$ の成立を示せばO. K. となります．

$f(0)=m(m-1)$, m は整数より $m\leqq 0,\ 1\leqq m$

よって $f(0)\geqq 0$ が成り立ちます．

$f(1)$ も同様です．即ち，

$$\begin{aligned}
f(1)&=m^2-m+n(2m-1+n)\\
&=(m+n)^2-(m+n)\\
&=(m+n)(m+n-1)\geqq 0 \quad (\because\ \ m+n \text{ は整数})
\end{aligned}$$

そこで（2）が証明されました．

この問題では不等式の問題を関数の問題へと「一般化」して得られた関数式を直線の式と読み換えることによって，その最小値≧0を示したのです．

次の問題も同様です．

問題6－7

$|a|, |b|, |c|, |d| < 1$ のとき，次の不等式を証明せよ．

$$a+b+c+d-abcd<3$$

「変数を少なくする」の章において，問題5－1として取り上げた問題です．

前の問題と同様にして，関数の問題へと「一般化」して，関数式を直線と読み換えると以下のような別解となります．

$$\begin{aligned}
&a+b+c+d-abcd\\
&=(1-abc)d+a+b+c=f(d)\\
&<f(1)\quad(\because\ 1-abc>0)\\
&=(1-abc)+a+b+c\\
&=(1-ab)c+a+b+1=g(c)\\
&<g(1)\\
&=(1-a)b+a+2=h(b)\\
&<h(1)\\
&=3
\end{aligned}$$

$f(d)$，$g(c)$，$h(b)$ をそれぞれ d, c, b に関する直線の式と読み換えたわけです．

関数の問題へと「一般化」した後も，利用すべき道具を思いつくべく，いろいろと考えなければならないということです．

問題6－8

次の行列式を求めよ.

$$\det\begin{pmatrix} 1 & a_1 & a_1^2 & \cdots & \cdots & \cdots & a_1^{n-1} \\ 1 & a_2 & a_2^2 & \cdots & \cdots & \cdots & a_2^{n-1} \\ \vdots & \vdots & \vdots & & & & \vdots \\ \vdots & \vdots & \vdots & & & & \vdots \\ 1 & a_n & a_n^2 & \cdots & \cdots & \cdots & a_n^{n-1} \end{pmatrix}$$

“Vandermondeの行列式”として多くの線形代数の教科書にのっている問題です.

ここでは「一般化」を利用する問題解決として復習します.

$a_i = a_j$ のとき行列式は0となるので以下では, $i \neq j$ のとき $a_i \neq a_j$ とします.

いきなり一般数 n のままでは考えにくいので,「帰納的思考」に従い, $n = 3$ の場合について考えます. 今までにもこういう場面はあったのですが, 複雑な問題になるほどいくつかのストラテジーを組み合わせて考えるのが一般的な状況です.

問題6－8に戻り $n = 3$ の場合,

$$\det\begin{pmatrix} 1 & a & a^2 \\ 1 & b & b^2 \\ 1 & c & c^2 \end{pmatrix}$$

を求めることとなります.

もちろん直接, 計算できますが, 原題をにらみ,「一般化」を利用すると次のようになります.

c を変数 x で置き換えます.(一般化)

$$P(x) = \det\begin{pmatrix} 1 & a & a^2 \\ 1 & b & b^2 \\ 1 & x & x^2 \end{pmatrix}$$

とおくと, 求める行列式は $P(c)$ となります.

$P(x)$は2次の多項式であり，xにaやbを代入すると2行が一致するので，$P(a)=P(b)=0$です．

そこで因数定理を用いると，

$$P(x)=k(x-a)(x-b)\,,\quad (k\text{は定数})$$

となります．

kはx^2の係数であり，第3行に関して展開した式を考えて，

$$\det\begin{pmatrix}1 & a\\ 1 & b\end{pmatrix}=b-a$$

に一致します．そこで，

$$P(c)=(b-a)(c-a)(c-b)$$

と求まります．

一般数nの場合も同様に議論が進みます．

D_nを位数nの求める行列式とします．

a_nをxで置き換えた行列の行列式は，$n=3$の場合と同様に考えて$n-1$次の多項式，$P_n(x)$となり，

$$P_n(a_1)=P_n(a_2)=\cdots=P_n(a_{n-1})=0$$

そこで因数定理により，

$$P_n(x)=k(x-a_1)(x-a_2)\cdots(x-a_{n-1})$$

k はx^{n-1}の係数であり，最下行に関して展開すると，$k=D_{n-1}$となります．

よって，

$$\begin{aligned}D_n &= P_n(a_n)\\ &= D_{n-1}\{(a_n-a_1)(a_n-a_2)\cdots(a_n-a_{n-1})\}\end{aligned}$$

D_{n-1}などに対しても同様の議論をくり返すことで，

$$D_n=\prod_{k=2}^{n}\left\{\prod_{i=1}^{k-1}(a_k-a_i)\right\}$$

と求まります．

x に置き換える「一般化」によって，因数定理という他の道具を利用することが可能となったのです．

問題 6 − 9

$0 < b < a < \frac{\pi}{2}$ のとき，次の不等式を証明せよ．

$$\frac{\sin a}{\sin b} < \frac{a}{b} < \frac{\tan a}{\tan b}$$

問題 6 −10

a, b を実数として，次の不等式を証明せよ．

$$\left|\frac{b}{\sqrt{b^2+4}} - \frac{a}{\sqrt{a^2+4}}\right| \leqq \frac{1}{2}|b-a|$$

（問題 6 − 9 の解）

変数分離のテクニックを利用すると，与えられた不等式は次の形に変形されます．

与不等式 $\Longleftrightarrow \frac{\sin a}{a} < \frac{\sin b}{b}$，$\frac{\tan b}{b} < \frac{\tan a}{a}$

$f(x) = \frac{\sin x}{x}$，$h(x) = \frac{\tan x}{x}$ とおくと，$0 < x < \frac{\pi}{2}$ において，$f(x)$ が単調減少，$h(x)$ が単調増加，即ち，$f'(x) < 0$, $h'(x) > 0$ を示せばよいこととなりました．

$f'(x) = \frac{x\cos x - \sin x}{x^2}$ より，

$g(x) = x\cos x - \sin x$ とおくと，

$$\begin{cases} g(0) = 0 \\ g'(x) = \cos x - x\sin x - \cos x = -x\sin x < 0 \end{cases}$$

$$\therefore \quad g(x) < 0$$

よって，$f'(x) < 0$

$h'(x) > 0$ も同様に示せます．

（問題 6 −10 の解）

$a = b$ のとき成立は明らかなので，$a \neq b$ としてよい．

$f(x) = \frac{x}{\sqrt{x^2+4}}$ とおくと，

$$f'(x)=\frac{\sqrt{x^2+4}-x\cdot\dfrac{2x}{2\sqrt{x^2+4}}}{x^2+4}=\frac{4}{(x^2+4)\sqrt{x^2+4}}\leqq\frac{4}{4\sqrt{4}}=\frac{1}{2}$$

平均値の定理により，

$$|f(b)-f(a)|=|f'(c)||b-a|,\ a\leqq c\leqq b$$
$$\leqq\frac{1}{2}|b-a|$$

関数への「一般化」の中にも様々な局面があるということです．

問題6－11

1から n までの自然数の和を s_n とおくとき，次の無限級数の値を求めよ．

$$S=\frac{s_1}{1}+\frac{s_2}{2}+\frac{s_3}{4}+\cdots+\frac{s_n}{2^{n-1}}+\cdots$$

級数の問題において，以下のような「一般化」は結構見かけますが，知らなければなかなか思いつきにくい「一般化」です．

$s_n=\dfrac{n(n+1)}{2}$ より，$S=\displaystyle\sum_{n=1}^{\infty}\frac{n(n+1)}{2^n}$

$S(x)=\dfrac{d}{dx}\left(\displaystyle\sum_{n=1}^{\infty}nx^{n+1}\right)$ とおくと，$S\left(\dfrac{1}{2}\right)=S$ が成立．

一方，
$$\begin{aligned}S(x)&=\frac{d}{dx}(x^2+2x^3+3x^4+\cdots)\\&=\frac{d}{dx}\{x^2(1+2x+3x^2+\cdots)\}\\&=\frac{d}{dx}\{x^2(1-x)^{-2}\}\\&=2x(1-x)^{-2}+x^2(-2)(1-x)^{-3}(-1)\\&=2x(1-x)^{-2}+2x^2(1-x)^{-3}\end{aligned}$$

$$\therefore\quad S=S\left(\frac{1}{2}\right)=1\cdot\left(\frac{1}{2}\right)^{-2}+2\left(\frac{1}{2}\right)^2\left(\frac{1}{2}\right)^{-3}=8$$

「一般化」は関数化を必ず伴うわけではありません．次の問題はその例です．

問題６ －12

$a,\ b,\ c \geqq 1$ のとき，次の不等式を証明せよ．

$$4(abc+1) \geqq (1+a)(1+b)(1+c)$$

問題５ － ３において，「変数を少なくする」を利用する例題として取り上げた問題です．

ここでは「一般化」して逆に変数を多くすることを考えます．すると問題６ —12 は次の形となります．

問題６ —12— １

$a_i \geqq 1\ (1 \leqq i \leqq n)$ のとき，次の不等式を証明せよ．

$$2^{n-1}(a_1 \cdot a_2 \cdot \cdots \cdot a_n + 1) \geqq (1+a_1)(1+a_2) \cdot \cdots \cdot (1+a_n)$$

もちろん $n=3$ とおいた式が問題６ －12 の形です．

問題６ —12— １を見ると，誰でも数学的帰納法の利用を思い付くはずです．

すると stepⅡの証明は次のようになります．

$n=k$ のときの式，

$$2^{k-1}(a_1 \cdot a_2 \cdot \cdots \cdot a_k + 1) \geqq (1+a_1)(1+a_2)\cdots(1+a_k) \quad \cdots①$$

より，

$$2^{k-1}(a_1 \cdot a_2 \cdot \cdots \cdot a_k + 1)(1+a_{k+1}) \geqq (1+a_1)(1+a_2)\cdots(1+a_k)(1+a_{k+1}) \quad \cdots②$$

ここで，

$$\begin{aligned} &2^k(a_1 \cdot a_2 \cdot \cdots \cdot a_k \cdot a_{k+1} + 1) - 2^{k-1}(a_1 \cdot a_2 \cdot \cdots \cdot a_k + 1)(1+a_{k+1}) \\ &= 2^{k-1}(a_1 \cdot a_2 \cdot \cdots \cdot a_k \cdot a_{k+1} + 1 - a_1 \cdot a_2 \cdot \cdots \cdot a_k - a_{k+1}) \\ &= 2^{k-1}(a_1 \cdot a_2 \cdot \cdots \cdot a_k - 1)(a_{k+1} - 1) \\ &\geqq 0 \end{aligned}$$

よって，問題６ —12— １の不等式の成立が示されました．

問題５ － ３では，２ 文字の場合に得られた不等式に対して，①から②への変形に対応する同様の工夫をおこなったのでした．しかし多くの人はその工夫に難しさを感じたはずです．

しかし「一般化」して，①から②へと変形した工夫には不自然さを感じなかったはずです．数学的帰納法による不等式の証明問題では $n=k$ の場合に成立する仮定に対して，同様の操作をすることが多いからです．

このように「一般化」することによって数学的帰納法を利用する場面もあるのです．

問題6－13

$a \geqq b \geqq c,\ x \geqq y \geqq z$ である実数 $a,\ b,\ c\ ;\ x,\ y,\ z$ に対して，

$$X = ax + by + cz$$
$$Y = ay + bz + cx$$
$$Z = az + bx + cy$$

とおく．このとき，

$$X \geqq Y,\quad X \geqq Z$$

を示せ．

基本通りに証明すれば十分です．即ち，

$$X - Y = a(x-y) + b(y-z) + c(z-x) \quad \cdots①$$
$$= a(x-y) + b(y-z) - c\{(x-y)+(y-z)\} \quad \cdots②$$
$$= (a-c)(x-y) + (b-c)(y-z)$$
$$\geqq 0$$

同様にして，

$$X - Z = a\{(x-y)+(y-z)\} + b(y-x) + c(z-y)$$
$$= (a-b)(x-y) + (a-c)(y-z)$$
$$\geqq 0$$

①から②への変形に困難を感ずるならば，今までと同様，関数への「一般化」が有効です．即ち，$X-Y$ を x の式と見て，

$$X - Y = (a-c)x + (b-a)y + (c-b)z = f(x)$$

とおくと，$f(x)$ は直線の式となります．

$x \geqq y$ において，$f(x) \geqq 0$ を示せばO. K. です．

傾き：$a-c \geqq 0$ より，

$$
\begin{aligned}
f(x) &\geqq f(y) \\
&= (a-c)y + (b-a)y + (c-b)z \\
&= (b-c)(y-z) \geqq 0
\end{aligned}
$$

よって，$X-Y \geqq 0$ となります．

$X \geqq Z$ も同様です．なお Y と Z の大小関係は確定しません．

この結果を書き並べると次の通りです．

$$ax+by+cz \geqq ay+bz+cx$$

$$ax+by+cz \geqq az+bx+cy$$

$$ax+by+cz = ax+by+cz$$

辺々加えることにより，次の不等式を得ます．

$$3(ax+by+cz) \geqq (a+b+c)(x+y+z)$$

この不等式において，$x=a$, $y=b$, $z=c$ と置換して「特殊化」すると，問題6－3(1)の不等式が得られます．

さらに，$a \to a^2$, $b \to b^2$, $c \to c^2$ そして $x=a$, $y=b$, $z=c$ と「特殊化」して，この不等式と組み合わせると問題6－3(2)の不等式も生成されます．

一方，問題6－13を「一般化」すると，次の不等式の成立が予想されます．

問題6—13－1

$x_1 \geqq x_2 \geqq \cdots \geqq x_n$, $y_1 \geqq y_2 \geqq \cdots \geqq y_n$ に対して，y_1, y_2, $\cdots$, y_n を並べかえたものを z_1, z_2, $\cdots$, z_n とする．このとき次の不等式が成立する．

$$\sum_{j=1}^{n} x_j y_j \geqq \sum_{j=1}^{n} x_j z_j \quad \cdots ①$$

以前，次の問題が入学試験において問われたことがあります．

問題6—13－2

n を2以上の自然数とする．$x_1 \geqq x_2 \geqq \cdots \geqq x_n$ および $y_1 \geqq y_2 \geqq \cdots \geqq y_n$ を満足する数列 x_1, x_2, $\cdots$, x_n および y_1, y_2, $\cdots$, y_n が与えられている．

$y_1,\ y_2,\ \cdots,\ y_n$ を並べかえて得られるどのような数列 $z_1,\ z_2,\ \cdots,\ z_n$ に対しても

$$\sum_{j=1}^{n}(x_j-y_j)^2 \leqq \sum_{j=1}^{n}(x_j-z_j)^2$$

が成り立つことを証明せよ．

$\sum_{j=1}^{n} y_j^2 = \sum_{j=1}^{n} z_j^2$ が成り立つので，

$$\sum_{j=1}^{n}(x_j-y_j)^2 \leqq \sum_{j=1}^{n}(x_j-z_j)^2 \iff \sum_{j=1}^{n}x_jy_j \geqq \sum_{j=1}^{n}x_jz_j$$

よって問題6－13－2は問題6－13－1に帰着します．

①の不等式の証明ですが，任意の自然数 n が存在する問題ですから数学的帰納法ということになります．

stepⅡのみ記すと以下の通りです．

$$x_1y_1+\cdots+x_my_m \geqq x_1z_1+\cdots+x_mz_m \quad \cdots②$$

が成り立つと仮定する．

$$x_1 \geqq \cdots \geqq x_m \geqq x_{m+1},\quad y_1 \geqq \cdots \geqq y_m \geqq y_{m+1}$$

として，$z_{m+1}=y_k\ (1 \leqq k \leqq m)$，$y_{m+1}=z_i\ (1 \leqq i \leqq m)$ とする．

$$S = x_1z_1+\cdots+x_iy_{m+1}+\cdots+x_mz_m+x_{m+1}y_k$$

$$T = x_1z_1+\cdots+x_iy_k+\cdots+x_mz_m+x_{m+1}y_{m+1}$$

とおくと，

$$T-S = x_iy_k+x_{m+1}y_{m+1}-x_iy_{m+1}-x_{m+1}y_k$$
$$= (x_i-x_{m+1})(y_k-y_{m+1})$$

$x_i \geqq x_{m+1},\ y_k \geqq y_{m+1}$ より $T \geqq S$

ゆえに，

$$x_1z_1+\cdots+x_mz_m+x_{m+1}z_{m+1}$$
$$\leqq x_1z_1+\cdots+x_mz_m+x_{m+1}y_{m+1}$$
$$\leqq x_1y_1+\cdots+x_my_m+x_{m+1}y_{m+1} \qquad (\because ②)$$

よって①の不等式が成立する．

問題６－14

a, b, c は正の実数で，$a+b+c=1$ とする．このとき，次の不等式を証明せよ．

$$\left(1+\frac{1}{a}\right)\left(1+\frac{1}{b}\right)\left(1+\frac{1}{c}\right) \geqq 64$$

この問題に対しては何通りかの鮮やかな解答があります．しかしストラテジーを利用すると以下のように自然な解答も生まれます．

まず「後ろ向きにたどる」ことによって与不等式を扱い易い式に変形します．

$$\text{与不等式} \Longleftrightarrow 1+\left(\frac{1}{a}+\frac{1}{b}+\frac{1}{c}\right)+\left(\frac{1}{ab}+\frac{1}{bc}+\frac{1}{ca}\right)+\frac{1}{abc} \geqq 64$$

$$\Longleftrightarrow \frac{bc+ca+ab}{abc}+\frac{a+b+c}{abc}+\frac{1}{abc} \geqq 63$$

$$\Longleftrightarrow \frac{ab+bc+ca+2}{abc} \geqq 63$$

$$\Longleftrightarrow ab+bc+ca+2 \geqq 63abc$$

左辺と右辺を結び付けようとすると，相加相乗平均の不等式を思い付きます．即ち，

左辺 $\geqq 3\sqrt[3]{(ab)(bc)(ca)}+2$

$t=(abc)^{\frac{1}{3}}$ とおいて，関数へ「一般化」すると以下のようになります．

$3t^2+2 \geqq 63t^3$

$\therefore \quad f(t)=3t^2+2-63t^3 \geqq 0$ を示せばよいこととなりました．

$1=a+b+c \geqq 3\sqrt[3]{abc}=3t$ より，$0<t \leqq \dfrac{1}{3}$ です．

$f'(t)=6t-189t^2=-3t(63t-2)$

$f(0)=2,\ f\left(\dfrac{1}{3}\right)=\dfrac{1}{3}+2-\dfrac{7}{3}=0$ より，

$f(t) \geqq 0$ が成立して，結論が示されたこととなりました．

表６－１４

t	0		$\frac{2}{63}$		$\frac{1}{3}$
f'	0	+	0	−	
f	2	↗		↘	0

この解答では，「後ろ向きにたどる」と「一般化」の２つのストラテジーを利用しました．今までの例題でもこうした状況はありましたが，普通の問題

では複数のストラテジーを利用するのが一般的です．とくに複雑な問題になればなるほどそうなります．

問題6－15

nを0以上の整数として，

$$I_n = \int_0^3 e^x \frac{x^n(3-x)^n}{n!} dx$$

とおく．このとき，

$$I_n = p_n - q_n e^3$$

となる整数p_n，q_nが存在することを証明せよ．

$$I_0 = \int_0^3 e^x dx = e^3 - 1$$

よって$p_0 = q_0 = -1$とおけばよい．

次にI_nに部分積分を利用すると以下の計算となります．

$$\begin{aligned} I_n &= \left[e^x \frac{x^n(3-x)^n}{n!} \right]_0^3 - \int_0^3 e^x \frac{nx^{n-1}(3-x)^n - nx^n(3-x)^{n-1}}{n!} dx \\ &= \int_0^3 e^x \frac{x^n(3-x)^{n-1}}{(n-1)!} dx - \int_0^3 e^x \frac{x^{n-1}(3-x)^n}{(n-1)!} dx \end{aligned}$$

残念ながら行き詰まってしまいます．何か工夫を必要とします．上式ではxおよび$(3-x)$の指数と分母の階乗の係数に整合性のないことが目につきます．そこで，

$$\frac{I_n}{n!} = \int_0^3 e^x \frac{x^n(3-x)^{n-1}}{n!(n-1)!} dx - \int_0^3 e^x \frac{x^{n-1}(3-x)^n}{(n-1)!\,n!} dx$$

と置き直すならば，すわりがよくなります．

x，$(3-x)$，各々の指数に注目するという発想が浮かびます．そこで被積分関数を「一般化」して，

$$f(a,\ b) = \int_0^3 e^x \frac{x^a(3-x)^b}{a!\ b!} dx$$

とおくと，

$$I_n = n!\,f(n,\ n)$$

となります．

示すべき結論とにらみあわせると,

$$N\,!\,f(a,\ b)=p+qe^3,\ N=\mathrm{Max}\{a,\ b\}\quad\cdots(*)$$

をみたす整数 p, q の存在を示せばよいのです.

あとは a, b に関する二重帰納法によって証明することとなります.

（Ⅰ） $a=b=0$ のとき

$$0\,!\,f(0,\ 0)=\int_0^3 e^x dx=-1+e^3$$

$p=q=-1$ とすればよい.

（Ⅱ－1） $k\,!\,f(0,\ k)=p+qe^3$ と仮定する

$$f(0,\ k+1)=\int_0^3 e^x\,\frac{(3-x)^{k+1}}{(k+1)\,!}dx$$

$$=\left[e^x\,\frac{(3-x)^{k+1}}{(k+1)\,!}\right]_0^3-\int_0^3 e^x\,\frac{-(k+1)(3-x)^k}{(k+1)\,!}dx$$

$$=\frac{3^{k+1}}{(k+1)\,!}+f(0,\ k)$$

$$=\frac{3^{k+1}}{(k+1)\,!}+\frac{1}{k\,!}(p+qe^3)$$

$$(k+1)\,!\,f(0,\ k+1)=\{3^{k+1}+(k+1)p\}+(k+1)qe^3$$

よって $a=0,\ b=k+1$ のとき成立する.

（Ⅱ－2） $k\,!\,f(k,\ 0)=p+qe^3$ と仮定する

（Ⅱ－1）と同様にして,

$$f(k+1,\ 0)=\frac{3^{k+1}e^3}{(k+1)\,!}-f(k,\ 0)=\frac{3^{k+1}e^3}{(k+1)\,!}-\frac{1}{k\,!}(p+qe^3)$$

$$\therefore\quad (k+1)\,!\,f(k+1,\ 0)=-(k+1)p+\{3^{k+1}-(k+1)q\}e^3$$

よって $a=k+1,\ b=0$ のとき成立する.

（Ⅲ） $f(a,\ b)=\displaystyle\int_0^3 e^x\,\frac{x^a(3-x)^b}{a\,!\,b\,!}\,dx$

$$=\left[e^x\,\frac{x^a(3-x)^b}{a\,!\,b\,!}\right]_0^3-\int_0^3 e^x\,\frac{\{ax^{a-1}(3-x)^b-bx^a(3-x)^{b-1}\}}{a\,!\,b\,!}\,dx$$

$$=f(a,\ b-1)-f(a-1,\ b)$$

帰納法の仮定により,

$$f(a,\ b-1)=\frac{1}{d_1\,!}(p_1+q_1e^3),\quad d_1=\mathrm{Max}\{a,\ b-1\}$$

$$f(a-1,\ b)=\frac{1}{d_2\,!}(p_2+q_2e^3),\ d_2=\mathrm{Max}\{a-1,\ b\}$$

$$\therefore\quad N\,!\,f(a,\ b)=\left(\frac{N\,!}{d_1\,!}p_1+\frac{N\,!}{d_2\,!}p_2\right)+\left(\frac{N\,!}{d_1\,!}q_1+\frac{N\,!}{d_2\,!}q_2\right)e^3,\quad N=\mathrm{Max}\{a,\ b\}$$

ここで，$N \geqq d_1,\ d_2$ より，$\dfrac{N\,!}{d_1\,!},\ \dfrac{N\,!}{d_2\,!}\in \mathrm{Z}$

よって $N\,!\,f(a,\ b)=p+qe^3,\ \ N=\mathrm{Max}\{a,\ b\}$

の成立が示せた．

(Ⅰ)，(Ⅱ)，(Ⅲ)より(＊)が成り立ち，

よって，$I_n=n\,!\,f(n,\ n)=p+qe^3$ の成り立つことが示せたこととなりました．

以上から理解できるように，問題を「一般化」すると，複雑になるどころか，かえって，微分，数学的帰納法 etc. 利用できる数学的道具の範囲が広がることにより，問題が解き易くなることもあるのだということです．

「一般化」を中心にして解説してきました．

以下では「特殊化」が問題解決に効いてくる場面を解説します．

この場合，「特殊化」の中においても，「特別な場合を考える」の考え方が活躍することが多くなります．

問題6－16

すべての正の整数 n に対して，

$$a_n=5^n+an+b$$

が 16 の倍数となるような 16 以下の正の整数 $a,\ b$ を求めよ．

いきなり，すべての n に対して a_n が 16 の倍数となるための $a,\ b$ の条件を考えるのは困難です．

そこで「特別な場合」である，$n=1,\ 2$ の場合を考えて，$a,\ b$ の条件を探ります．

$$\begin{cases} a_1=a+b+5 \\ a_2=2a+b+25 \end{cases}$$

「変数を少なくする」ことを考えると，$a_1,\ a_2$ が 16 の倍数ならば，

$a_2 - a_1 = a + 20$ も 16 の倍数とならなければなりません.

$1 \leqq a \leqq 16$ より, $21 \leqq a + 20 \leqq 36$

$\therefore \quad a + 20 = 32 \Longleftrightarrow a = 12$

このとき, $a_1 = b + 17$, $18 \leqq b + 17 \leqq 33$

$\therefore \quad b + 17 = 32 \Longleftrightarrow b = 15$

$\therefore \quad a_n = 5^n + 12n + 15$ の形に限ることが示されました.

あとはすべての正の整数 n に対して a_n が 16 の倍数となることを示せばよいのです. 当然, 数学的帰納法によって示すという方針になります. 以下では stepⅡ のみ記します.

$$\begin{aligned} a_{n+1} &= 5^{n+1} + 12(n+1) + 15 \\ &= 5(5^n + 12n + 15) - 48n - 48 \\ &= 5a_n - 48(n+1) \end{aligned}$$

$\therefore \quad a_n$ が 16 の倍数ならば a_{n+1} が 16 の倍数となり, すべての n に対して, a_n が 16 の倍数となることが示されました.

このように「特別な場合」を考えることにより, 答の予測をつける方針が有効な問題も多いのです.

問題 6 －17

(1) △ABC の辺 BC 上に点 P をとり, P から辺 AB, AC に下した垂線の足をそれぞれ D, E とする.

BP $= x$ とおくとき,

$$\frac{\triangle \mathrm{PDE}}{\triangle \mathrm{ABC}} = \frac{x(a-x)\sin^2 \mathrm{A}}{a^2}$$

となることを示せ.

(2) ある△ABC の辺 BC 上に点 P があって, P から辺 AB, AC に下した垂線の足を D, E とする.

$$\triangle \mathrm{PDE} = \frac{1}{4} \triangle \mathrm{ABC}$$

が成り立っているとき, △ABC の形状を求めよ.

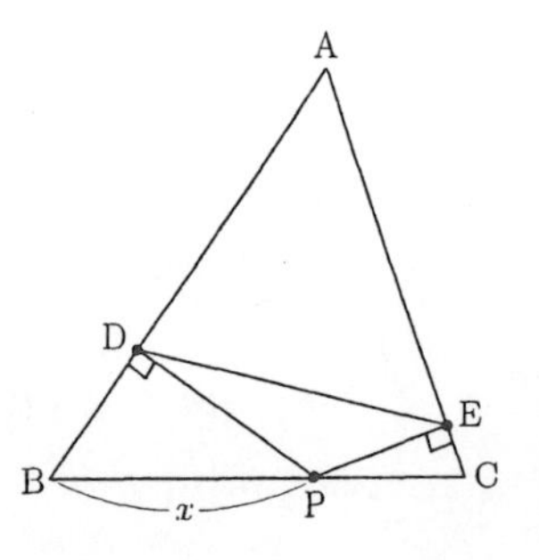

（1）は普通に前進できます．

$\mathrm{PD} = x\sin\mathrm{B}$, $\mathrm{PE} = (a-x)\sin\mathrm{C}$, $\angle\mathrm{DPE} = 180^\circ - \mathrm{A}$ より

$$\triangle\mathrm{PDE} = \frac{1}{2}(x\sin\mathrm{B})\{(a-x)\sin\mathrm{C}\}\sin(180^\circ - \mathrm{A})$$

$$= \frac{1}{2}x(a-x)\sin\mathrm{A}\cdot\sin\mathrm{B}\cdot\sin\mathrm{C}$$

$$\triangle\mathrm{ABC} = \frac{1}{2}bc\sin\mathrm{A}$$

正弦定理により，

$$\frac{\triangle\mathrm{PDE}}{\triangle\mathrm{ABC}} = \frac{x(a-x)\sin\mathrm{B}\sin\mathrm{C}}{bc} = x(a-x)\left(\frac{\sin\mathrm{A}}{a}\right)^2 = \frac{x(a-x)\sin^2\mathrm{A}}{a^2}$$

（2）では単純に，$\dfrac{x(a-x)\sin^2\mathrm{A}}{a^2} = \dfrac{1}{4}$ とおいて条件を考えていってもうまくいきません．

二次関数への知識より，次の関係を見出すことがポイントです．

$$\frac{x(a-x)}{a^2} = \frac{1}{a^2}\left\{-\left(x-\frac{a}{2}\right)^2 + \frac{a^2}{4}\right\} \leqq \frac{1}{4}$$

また $\sin^2\mathrm{A} \leqq 1$ ですから，

$$\frac{\triangle\mathrm{PDE}}{\triangle\mathrm{ABC}} \leqq \frac{1}{4} \quad \cdots①$$

が成り立ちます．

（2）において与えられた条件式は①の「特別な場合」と理解できるのです．

等号の成立条件は，

$$x = \frac{a}{2},\quad \sin\mathrm{A} = 1 \text{ です．}$$

よって，$\triangle\mathrm{ABC}$ は $\angle\mathrm{A} = 90^\circ$ の直角三角形と求まります．

問題6－18

平面上に相異なる $2n$ 個の点が存在し，どの3点も一直線上にないものとする．この $2n$ 個の点を n 個ずつ2つの集合 A と B に分けることを考える．そして A の点と B の点によって n 組のペアを作り，線分で結ぶものとする．このとき，どの2つの線分も交わらないように上手に n 組のペアを作ることができることを示せ．

帰納的に$n=1$の場合，２の場合……と考えていってもうまくいきません.

このような問題では，一般数 n のままで，「特別な場合」ここでは「極端な場合」に条件が達成できるのだろうと予測を付けることが指針となります.

そこで n 本の線分の距離の和が最小の場合に問題の条件が達成されると予測するわけです.

もちろんペアの作り方は$n!$通りと有限なので，距離の和が最小となる場合は存在します.

あとは交わるとして背理法で示せばよいわけです.

線分 a_1b_1 と a_2b_2 が点 x で交わるとします.

a_1，$a_2 \in A$，b_1，$b_2 \in B$ です.

このとき，a_1b_1 および a_2b_2 を a_1b_2 と a_2b_1 に置き換えると，もとのペアが線分の距離の和が最小という仮定に反することとなります.

図６－１８

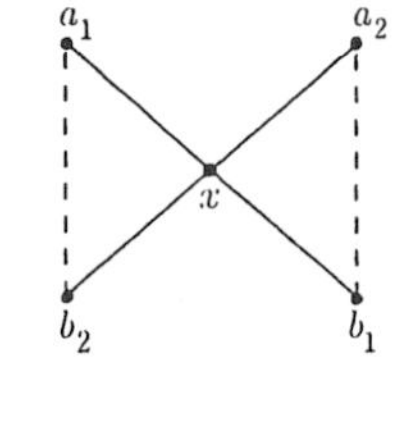

なぜならば，

$$\begin{aligned} a_1b_1 + a_2b_2 &= (a_1x + xb_1) + (a_2x + xb_2) \\ &= (a_1x + xb_2) + (xb_1 + a_2x) \\ &> a_1b_2 + a_2b_1 \end{aligned}$$

となるからです.（図６－18 参照）

よって，距離の和が最少のペアを構成する n 本の線分は交点をもたないことが示されました.

この章では「特殊化」，「一般化」のストラテジーを解説してきました．問題解決に直接的に貢献するだけではなく，与えられた問題，結果を特殊化，一般化することによって有意義な結論を生み出すこともあるという特徴を有するストラテジーでした.

この特徴を最後に再認識しておくこととします.

問題６－１，問題６－４を問題６－２，問題６－５へと一般化することにより，n 個の相加相乗平均の不等式を導きました．別の導き方として次の問題を考えます.

問題6－19

$a_1a_2\cdots a_n=1$ である任意の n 個 $(n\geqq 2)$ の正数 a_1, a_2, $\cdots$, a_n に対して，次の不等式の成立を示せ．

$$a_1+a_2+\cdots+a_n\geqq n \quad \cdots①$$

数学的帰納法による証明を利用する問題3－6として取り上げた問題です．

この問題を一般化することを考えます．

「任意の n 個の正の数 a_1, a_2, $\cdots$, a_n について，どのような不等式が成り立つか」考えるということです．

①の結果を利用しようとすると，n 個の積の値を1に補正する必要があります．

$a_1a_2\cdots a_n=N$ とおくと，$\dfrac{a_1a_2\cdots a_n}{N}=1$ です．

しかしこのままでは有意味な結果は出ません．n 個の文字の「つりあい」が取れないからです．そこで，分母を，

$$\frac{a_1a_2\cdots a_n}{(\sqrt[n]{N})^n}=1$$

と変形すると，先がパッと明るく見えてきます．なぜならば，

$$b_i=\frac{a_i}{\sqrt[n]{N}}\ (1\leqq i\leqq n),\quad N=a_1a_2\cdots a_n$$

とおくと，

$$b_1b_2\cdots b_n=1$$

が成り立ちます．そこで①の不等式を適用すると，

$$\begin{aligned}&b_1+b_2+\cdots+b_n\geqq n\\ \Longleftrightarrow\ &\frac{a_1+a_2+\cdots+a_n}{\sqrt[n]{N}}\geqq n\\ \Longleftrightarrow\ &\frac{a_1+a_2+\cdots+a_n}{n}\geqq\sqrt[n]{N}=\sqrt[n]{a_1a_2\cdots a_n}\end{aligned}$$

となり，n 個の相加相乗平均の不等式が導かれ，「一般化」の効果を再確認できました．

第 7 章　再形式化

問題７－１

実数 x, y, z について，

$$x+y+z=\frac{1}{x}+\frac{1}{y}+\frac{1}{z}=xy+yz+zx$$

が成り立つとき，x, y, z のうち少なくとも一つは１に等しいことを示せ．

この問題では与えられた条件式より，どういう形の式を導いて，結論を示したらよいかを考え出すことがポイントです．

例えば，

「$x+y+z=\frac{1}{x}+\frac{1}{y}+\frac{1}{z}=xy+yz+zx \Longrightarrow$ x, y, z のうち少なくとも一つは１に等しい」…（１）

と文字通りにとらえていても何ら良い考えは浮かばないことでしょう．

条件が「式」で与えられているのですから，どういう結論の「式」を導いたら良いかをまず考えるべきなのです．即ち，

「x, y, z のうち少なくとも一つは１に等しい」という結論をどのような数式で表現したら良いか考えるべきなのだということです．

２次，３次等々の方程式の解について連想すると次のようになります．

x, y, z のうち少なくとも一つは１に等しい

$\Longleftrightarrow x=1$　または　$y=1$　または　$z=1$

$\Longleftrightarrow (x-1)(y-1)(z-1)=0$

そこで問題７－１は次の問題へとすり変わります．（再形式化）

「$x+y+z=\frac{1}{x}+\frac{1}{y}+\frac{1}{z}=xy+yz+zx$

$\Longrightarrow (x-1)(y-1)(z-1)=0$ 」　…（１）′

(1)と(1)′を比べるならば，誰もが(1)′の方がより解決へ一歩近づいていると感ずることでしょう．

あとは条件式より結論の式を導くことに，とりかかればよいのです．

「後ろ向きにたどる」に従って，まず結論の式をもう少し扱い易い形に，変形してみます．

$$(x-1)(y-1)(z-1)$$
$$= xyz-(xy+yz+zx)+(x+y+z)-1$$
$$= xyz-1 \quad (\because\ x+y+z=xy+yz+zx)$$

となるので，

$$xyz=1$$

を条件式から導けば良いことがわかります．あるいは，そういう問題にさらに，「再形式化」されたと考えても良いでしょう．

条件式，$\dfrac{1}{x}+\dfrac{1}{y}+\dfrac{1}{z}=xy+yz+zx$ より，

$$\frac{xy+yz+zx}{xyz}=xy+yz+zx$$

$$\therefore\quad xy+yz+zx=0 \quad \text{または} \quad xyz=1$$

そこで，$xy+yz+zx=0$ のとき，どうなっているのか考えれば良いこととなります．

ところで，今まで取り組んできたところを振り返ってみると，条件式のうち $x+y+z$ の部分を利用していないことに気付きます．

「変数を少なくする」方針で，

$x+y+z=xy+yz+zx=0$ より，

$$z=-(x+y)$$

$xy+yz+zx=0$ に代入すると，

$$xy-(x+y)^2=0$$
$$x^2+xy+y^2=0$$
$$\therefore\quad \left(x+\frac{y}{2}\right)^2+\frac{3}{4}y^2=0$$

そこで，$x=y=z=0$ となり，

$$xyz=0$$

に矛盾します．（なぜならば，条件式における，$\dfrac{1}{x}+\dfrac{1}{y}+\dfrac{1}{z}$ より，$xyz \neq 0$ です．）

よって，$xyz=1$ が導かれて結論の式が示せたのです．

問題7－1では与えられた結論を適当な式に置き換えることが，考えていくためのポイントでした．

このように，解決しにくい問題を次から次へと，扱い易い問題へ変形して問題解決する考え方を「再形式化」ストラテジーといいます．

この考え方は別段目新しいものではありません．注意して見ていますと，高等学校の教科書の例題レベルにおいても結構利用されている考え方です．

例えば，次のような問題はほとんどの人が見覚えがあると思います．

問題7－2

曲線 $y=-x^3+3x^2$ の接線で，点 $\mathrm{P}(2,\ a)$ を通るものが3本存在するように，定数 a の値の範囲を定めよ．

このままでは考えにくいので，定石通り，

「接点の x 座標を t とおいて接線の方程式を求め，$\mathrm{P}(2,\ a)$ を代入して得られる t の3次方程式が異なる3つの実数解をもつように a を定める．」

と再形式化します．即ち，

$$y'=-3x^2+6x$$

より，接線の方程式は，

$$y-(-t^3+3t^2)=(-3t^2+6t)(x-t)$$

$\mathrm{P}(2,\ a)$ を代入して，

$$2t^3-9t^2+12t-a=0$$

「この t についての3次方程式が，異なる3つの実数解をもつように a を定める．」

と再形式化するのです．

さらに，変数分離のテクニックを利用して，

$2t^3 - 9t^2 + 12t - a = 0$ が3実数解をもつ

$\iff 2t^3 - 9t^2 + 12t = a$ が3実数解をもつ

$\iff y = f(t) = 2t^3 - 9t^2 + 12t$ のグラフと直線

$y = a$ が3点で交わる.

と最終的に再形式化し直します.

そこで,

$$f'(t) = 6t^2 - 18t + 12$$
$$= 6(t-1)(t-2)$$

よって求める a の値の範囲は表7－2より $4 < a < 5$ と求まります.

表7－2

t		1		2	
$f'(t)$	＋	0	－	0	＋
$f(t)$	↗	5	↘	4	↗

「再形式化」の考え方が全く目新しいものではないことが理解できるでしょう.

ストラテジーの特徴の一つとして, 従来, 暗々裏のうちに利用されていた考え方をはっきりと明示することにより, そうした考え方を学生に認識させる効果があるという点を挙げることができるのです.

問題7－3

$\{a_n\}$ を任意の正の実数列とする. 次の式を示せ.

$$\overline{\lim_{n\to\infty}}\left(\frac{a_1 + a_{n+1}}{a_n}\right)^n \geqq e \quad \cdots①$$

ここで,

$$\overline{\lim_{n\to\infty}}\left(\frac{a_1 + a_{n+1}}{a_n}\right)^n = \lim_{n\to\infty}\sup\left(\frac{a_1 + a_{n+1}}{a_n}\right)^n$$

である.

一見すると, 左辺の項がなぜ e の値と関連するのか, その関係が見えず, 難問の感じを受けます.

実際, 任意の正の実数列 $\{a_n\}$ に対して, 左辺を変形していって e よりも大であることを示すのは, はなはだ困難です.

視点を変えて右辺の e に注目すると，左辺の lim 記号とあわせて e の定義式，

$$e = \lim_{n\to\infty}\left(1 + \frac{1}{n}\right)^n$$

が思い出されます．即ち，

$$① \Longleftrightarrow \varlimsup_{n\to\infty}\left(\frac{a_1 + a_{n+1}}{a_n}\right)^n \geqq \lim_{n\to\infty}\left(1 + \frac{1}{n}\right)^n$$

$$= \lim_{n\to\infty}\left(\frac{n+1}{n}\right)^n$$

$$\Longleftrightarrow \varlimsup_{n\to\infty}\left[\frac{n(a_1 + a_{n+1})}{(n+1)a_n}\right]^n \geqq 1 \quad \cdots ②$$

問題７－３は式①を示す代わりに式②を示す問題に「再形式化」されました．

解決に向かってより一歩近づいたと誰もが思うはずです．しかし式②を示す作業に取りかかると，なかなかうまくいきません．

そこで，ある N より大であるすべての n に対して $\left[\frac{n(a_1 + a_{n+1})}{(n+1)a_n}\right]^n \geqq 1$ が成り立つような「理想的」な $\{a_n\}$ に対して式②の意味することを具体的に考えてみることとします．

即ち，$\frac{n(a_1 + a_{n+1})}{(n+1)a_n} \geqq 1 \quad \cdots\cdots ③$，$n \geqq N$ です．

もう少しかみくだいてみましょう．

$$③ \Longleftrightarrow \frac{a_1 + a_{n+1}}{n+1} \geqq \frac{a_n}{n}$$

$$\Longleftrightarrow \frac{a_1}{n+1} \geqq \frac{a_n}{n} - \frac{a_{n+1}}{n+1} \quad \cdots ④$$

と変形できます．

高校時代に学習した「中抜け級数」の知識を思い出して，式④を $n \geqq N$ において順に書き並べると次のようになります．

$$\frac{a_1}{N+1} \geqq \frac{a_N}{N} - \frac{a_{N+1}}{N+1}$$

$$\frac{a_1}{N+2} \geqq \frac{a_{N+1}}{N+1} - \frac{a_{N+2}}{N+2}$$

$$\vdots \qquad \vdots \qquad \vdots$$

$$\frac{a_1}{n} \geqq \frac{a_{n-1}}{n-1} - \frac{a_n}{n}$$

辺々を加えて，

$$a_1\left(\frac{1}{N+1}+\frac{1}{N+2}+\cdots+\frac{1}{n}\right) \geqq \frac{a_N}{N} - \frac{a_n}{n}$$

ゆえに，

$$\frac{a_n}{n} \geqq \frac{a_N}{N} - a_1\left(\frac{1}{N+1}+\frac{1}{N+2}+\cdots+\frac{1}{n}\right) \quad \cdots ⑤$$

が成り立ちます．

$\lim_{n\to\infty}\left(\frac{1}{N+1}+\frac{1}{N+2}+\cdots+\frac{1}{n}\right)=\infty$ より，n を大きくすると式⑤の右辺はどんどん小さくなります．即ち，$\lim_{n\to\infty}$ (⑤の右辺) $= -\infty$ です．一方，仮定により式⑤の左辺は正です．⑤の左辺と右辺が大きくカイ離していることに気付きます．

式②は当然成り立つべきことを主張しているにすぎないのです．

式②を「直接的」に示すことがうまくいかないので，以上のように式②の意味することを具体的に考えたわけだったのです．背理法(!!)を思い付けばしめたものです．

式⑤の導出過程を見ると，解決したも同然でしょう．

式②を背理法によって証明する．そこで，

$$\overline{\lim_{n\to\infty}}\left[\frac{n(a_1+a_{n+1})}{(n+1)a_n}\right]^n < 1$$

と仮定する．

即ち，ある N が存在して，$n \geqq N$ なるすべての n に対して，

$$\left[\frac{n(a_1+a_{n+1})}{(n+1)a_n}\right]^n < 1$$

あるいは，

$$\frac{n(a_1+a_{n+1})}{(n+1)a_n} < 1$$

と仮定する．すると，

$$\frac{a_1+a_{n+1}}{n+1} < \frac{a_n}{n}$$

$$\Longleftrightarrow \frac{a_1}{n+1} < \frac{a_n}{n} - \frac{a_{n+1}}{n+1}, \quad n \geqq N$$

Nから$n-1$まで順に書き並べて，辺々を加えることにより，

$$a_1\left(\frac{1}{N+1}+\frac{1}{N+2}+\cdots+\frac{1}{n}\right)<\frac{a_N}{N}-\frac{a_n}{n}$$

$$\therefore\quad \frac{a_n}{n}<\frac{a_N}{N}-a_1\left(\frac{1}{N+1}+\frac{1}{N+2}+\cdots+\frac{1}{n}\right)$$

$n \geqq N$に対して成立するので，$n \to \infty$とすると，

$\frac{a_N}{N}$は定数，$\lim_{n\to\infty} a_1\left(\frac{1}{N+1}+\frac{1}{N+2}+\cdots+\frac{1}{n}\right)=\infty$より，

$\lim_{n\to\infty}$ (不等式の右辺) $=-\infty$

$\therefore\quad \lim_{n\to\infty}\frac{a_n}{n}=-\infty$

これは仮定，$a_n>0$に矛盾．

よって，式②即ち式①が成立する．

式①を式②へと「再形式化」したことにより生まれた解決法であることに留意して下さい．

問題７－４

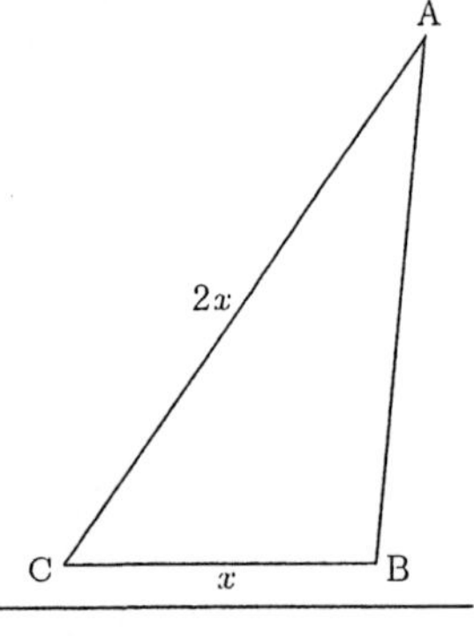

△ABC において，CA＝2BC の関係が成り立っているものとする．

このとき，

$$\angle \mathrm{B} > 2\angle \mathrm{A}$$

を示せ．

$\angle \mathrm{A}=\alpha$, $\angle \mathrm{B}=2\beta$ とおくと原題は，

$$\beta>\alpha$$

を示す問題に「再形式化」されます．

$\mathrm{CA}=2x$, $\mathrm{BC}=x$ とおき，正弦定理を適用すると，

$$\frac{x}{\sin\alpha}=\frac{2x}{\sin 2\beta}\left(=\frac{x}{\sin\beta\cos\beta}\right)$$

$$\therefore\quad \sin\alpha=\sin\beta\cos\beta$$

$0 < 2\beta < 180^\circ$ より $0 < \beta < 90^\circ$，　$\therefore$　$0 < \cos\beta < 1$

$\therefore$　$\sin\alpha < \sin\beta$

$0 < \alpha < 90^\circ$ より $\alpha < \beta$ となります．

有効な記号を導入して問題を「再形式化」することは，この解答から理解できるように，劇的な効果をもたらすことも多いのです．

問題７－５

a, b, c, d を正の実数とするとき，次の不等式を証明せよ．

（１）$2\left(\dfrac{a+b}{2} - \sqrt{ab}\right) \leqq 3\left(\dfrac{a+b+c}{3} - \sqrt[3]{abc}\right)$

（２）$3\left(\dfrac{a+b+c}{3} - \sqrt[3]{abc}\right) \leqq 4\left(\dfrac{a+b+c+d}{4} - \sqrt[4]{abcd}\right)$

「一般化」の例題，問題６－４として取り上げた問題です．

（１）$\Longleftrightarrow c - 3\sqrt[3]{abc} + 2\sqrt{ab} \geqq 0$　…①

（２）$\Longleftrightarrow d - 4\sqrt[4]{abcd} + 3\sqrt[3]{abc} \geqq 0$　…②

を示す問題でした．

ここでは有効な記号を導入して再形式化することを試みてみます．

（１）において，$\sqrt[3]{c} = X > 0$, $\sqrt[6]{ab} = Y > 0$ とおくと，

①の左辺$= X^3 - 3XY^2 + 2Y^3 = (X-Y)^2(X+2Y) \geqq 0$

（２）において，$\sqrt[4]{d} = X > 0$, $\sqrt[12]{abc} = Y > 0$ とおくと，

②の左辺$= X^4 - 4XY^3 + 3Y^4 = (X-Y)^2(X^2 + 2XY + 3Y^2) \geqq 0$

累乗根の形のままでは見えなかった因数分解も，適当な文字に置き換えて再形式化することにより，不思議と見えてくるものなのです．

問題７－６

線分 AB 上にランダムに２点を選んで３つの線分に分割する．このとき，３つの線分によって三角形を作ることのできる確率を求めよ．

一般性を失うことなく，AB＝1 とおきます．

3つの線分の長さを，x_1，x_2，x_3 とおくと，三角形を構成する条件は，

$$x_1 < x_2 + x_3,\quad x_2 < x_1 + x_3,\quad x_3 < x_1 + x_2$$

$x_1 + x_2 + x_3 = 1$ なので結局，

$$x_1 < \frac{1}{2},\quad x_2 < \frac{1}{2},\quad x_3 < \frac{1}{2} \quad \cdots ①$$

が三角形の構成条件です．

①となるための確率を求めるという問題に再形式化されました．この問題はメビウスによって考案された図７－６－１の座標系を利用することにより，解決します．

$\triangle A_1A_2A_3$ は正三角形で，３本の軸 X_1，X_2，X_3 と点Ｐとの距離が点Ｐの３つの座標 x_1，x_2，x_3 を表すものと考えます．（なお，点ＰとA$_i$とが X_i 軸に関して反対側にある場合は $x_i < 0$ とします．）

図７－６－１

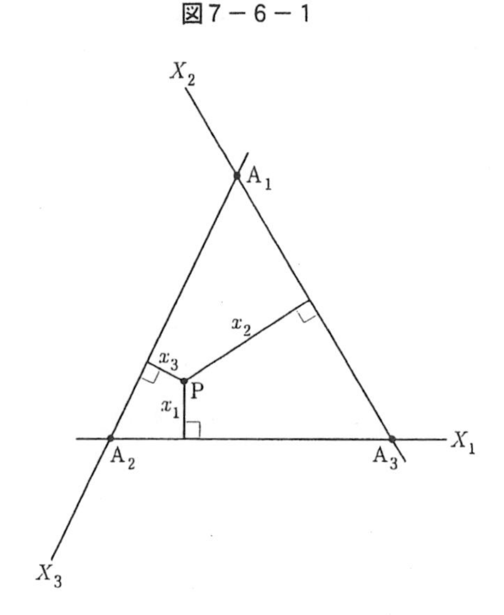

$\triangle A_1A_2A_3$ の一辺と高さをそれぞれ b, h とおくと，

$\triangle A_1A_2A_3 = \triangle PA_1A_2 + \triangle PA_2A_3 + \triangle PA_3A_1$ より

$$\frac{1}{2}bh = \frac{1}{2}bx_3 + \frac{1}{2}bx_1 + \frac{1}{2}bx_2$$

$$\therefore\quad x_1 + x_2 + x_3 = h$$

そこで $h=1$ とおくことにより原題は，

「点Ｐを $\triangle A_1A_2A_3$ の内部に勝手に選んだとき，$x_1 < \frac{1}{2}$，$x_2 <$

図７－６－２

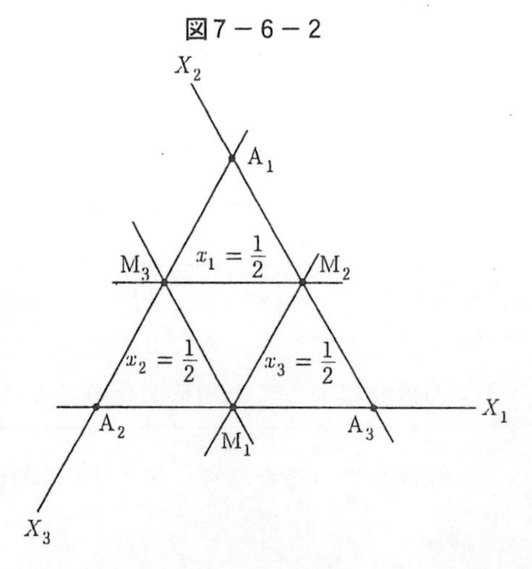

$\frac{1}{2}$，$x_3 < \frac{1}{2}$ となる確率を求めよ．」

という問題に再形式化されます．

すると図７－６－２により，

$$
\begin{aligned}
&(\text{求める確率}) \\
&= \frac{\triangle M_1M_2M_3}{\triangle A_1A_2A_3} \\
&= \frac{1}{4}
\end{aligned}
$$

と求まります．

問題７－７

n, p を任意の自然数とするとき，n^p と n^{p+4} の１の位の数字は一致することを証明せよ．

この問題では「１の位の数字は一致する」という結論をどう再形式化するかがポイントです．即ち，「１の位の数字が一致すれば，その差は 10 の倍数となる」ことを発見することです．すると，

$$
\begin{aligned}
n^{p+4} - n^p &= n^p(n^4 - 1) \\
&= n^p(n^2+1)(n+1)(n-1)
\end{aligned}
$$

が 10 の倍数，即ち２かつ５の倍数であることを示すこととなります．

２の倍数であることは明らかなので，５の倍数であることをいえばよくなります．$n = 5k$ のとき，５の倍数となることは明らかなので，結局，

$$n = 5k \pm 1,\ \ 5k \pm 2$$

のとき，５の倍数となることを示せばよいこととなりました．しかしこのことも読者の皆さんには明らかでしょうからここでは省略します．

問題７－８

三角形の三辺の長さの比が３：７：８であるとき，この三角形の三つの内角は等差数列をなすことを示せ．

「等差数列をなす」という結論をどう再形式化したらよいかがポイントです．

等差中項の知識を思い出し，公差を d として，三つの角を，

$$\theta-d,\ \theta,\ \theta+d$$

とおくと，三つの内角の和 $=\pi$ より

$$\theta=\frac{\pi}{3}$$

となることが発見できます．

そこで，一つの角が $\frac{\pi}{3}$ であることを示せば，「三つの内角は等差数列をなす」ことを発見できました．

上の考察より，$\frac{\pi}{3}$ となる可能性のある角は真中の角，即ち辺の長さの比が 7 に対応する角です．余弦定理により，

$$\cos\theta=\frac{(3k)^2+(8k)^2-(7k)^2}{2\cdot 3k\cdot 8k}=\frac{1}{2}$$

よって，$\theta=\frac{\pi}{3}$ が確認できました．

以上の例題から理解できるように，結論をどう「再形式化」したらよいかに関して，「再形式化」は何も語りません．

問題解決者自らが考えぬいて発見する必要があります．このことは「再形式化」に限らず，ストラテジー一般に共通する状況です．

そこで，逆に，いわゆるテクニックと異なり，教育的価値が存在すると考えるわけです．

もっとも，例題を通して演習を積み重ねることによって，考えぬく重荷が軽減されることも事実です．

問題 7 − 9

鋭角三角形 ABC の外心を O とおく．AB, AC の中点をそれぞれ L, M とし，劣弧 BC の中点を N とする．N から AB の延長上に下した垂線の足を D とする．

このとき，四角形 ALOM について，次の（i），（ii）を証明せよ．

（i） $AL+AM=AD$

（ii） $OL+OM=DN$

図7－9－1

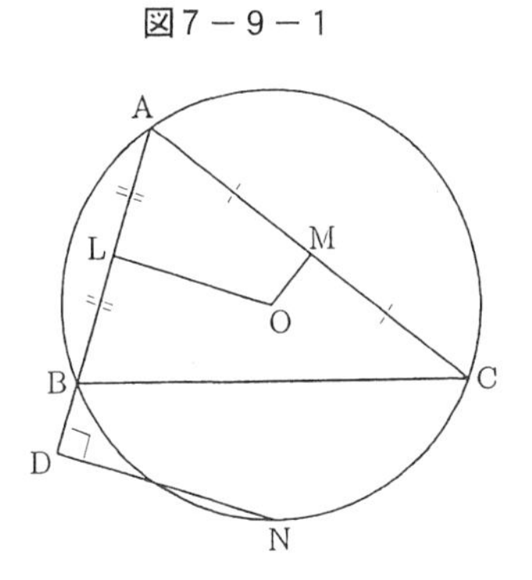

図7－9－2

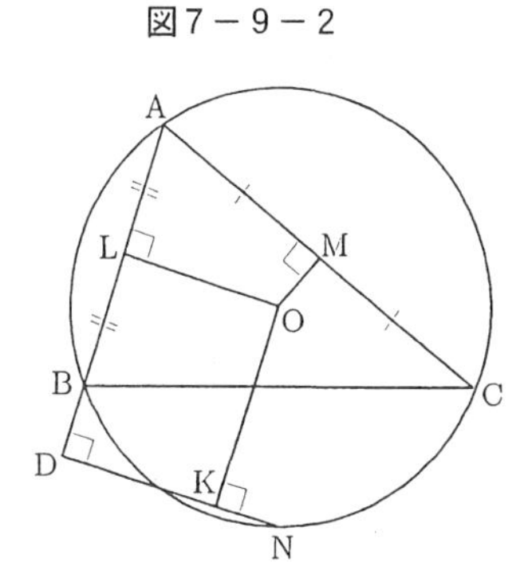

(ⅰ)はAM＝LDを示せばよいという方針がすぐ見えます．

(ⅱ)はOL⊥AD, ND⊥ADであること．また点OからDNのあたりが妙にスカスカした図であることから，点OよりDNに垂線を下したくなります．その垂線の足をKとします．

四角形OLDKは長方形なのでOL＝DK．よって(ⅱ)はOM＝KNを示す問題へと再形式化されました．

さて(ⅰ)はAM＝LDを示す問題へと再形式化されましたが，補助線OKをひいたことにより，LD＝OKが成り立ちます．

以上をまとめると，問題7－9の(ⅰ)，(ⅱ)は，AM＝LD＝OK, OM＝NKを証明する問題へと再形式化されます．

ここまでくれば，問題7－9は二つの直角三角形，AOMとONKが合同であることを示す問題へと最終的に再形式化されたことを理解できます．

方針ははっきりしました．

外接円の半径より，AO＝ONは成り立ちます．合同を利用して，AM＝OK, OM＝NKを示すのですから，角が等しいことを示して二つの三角形が合同であることを証明することとなります．

図7－9－3のように x, y, z, t を決めます．（OA＝ONより∠OAN＝∠ONA）

$t = z$ を示せばよいこととなります．

$\overset{\frown}{\mathrm{BN}} = \overset{\frown}{\mathrm{NC}}$ より，

$$\angle \mathrm{DAN} = \angle \mathrm{NAC} = x + z$$

直角三角形に着目して，

$$90^\circ = \angle \mathrm{DAN} + \angle \mathrm{AND}$$
$$= x + z + y$$
$$90^\circ = \angle \mathrm{KON} + \angle \mathrm{ONK}$$
$$= t + x + y$$

よって $z = t$ が成り立つことがわかり，$\triangle \mathrm{AOM} \equiv \triangle \mathrm{ONK}$ となって解決します．

図7－9－3

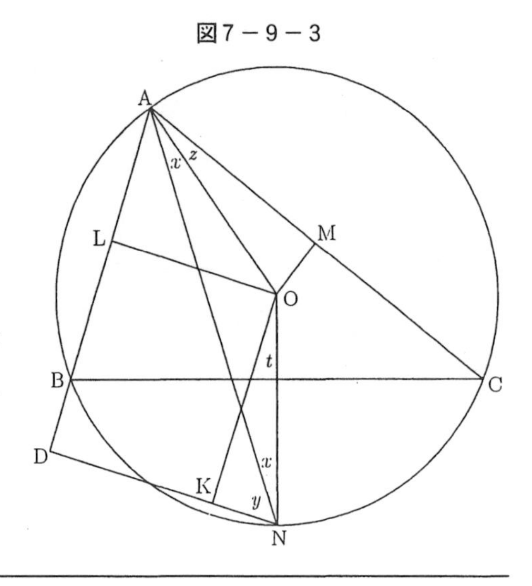

問題7 －10

p, q, r は正の実数で，$2p = q + r,\ q \neq r$ をみたすものとする．このとき，次の不等式が成立することを証明せよ．

$$\frac{p^{q+r}}{q^q r^r} < 1$$

$2p = q + r$ を利用して「変数を少なく」したうえで，問題の不等式をより扱い易い形に「再形式化」することとします．

$$\text{与不等式} \iff p^{q+r} < q^q r^r$$
$$\iff \left(\frac{q+r}{2}\right)^{q+r} < q^q r^r$$
$$\iff \left(\frac{1}{2}\right)^{q+r} < \left(\frac{q}{q+r}\right)^q \left(\frac{r}{q+r}\right)^r$$
$$\iff \frac{1}{2} < \left(\frac{q}{q+r}\right)^{\frac{q}{q+r}} \left(\frac{r}{q+r}\right)^{\frac{r}{q+r}}$$

$x = \dfrac{q}{q+r}$，$y = \dfrac{r}{q+r}$ とおくと，

$$x + y = 1,\ 0 < x,\ y < 1$$

となります．

第６章で解説したように，不等式の証明問題を関数の値域の問題へと「一般化」することにより，問題７－10は次の問題へと「再形式化」されます．

問題７－10－１

$0 < x < 1,\ x \neq \frac{1}{2}$ のとき，次の不等式を証明せよ．

$$f(x) = x^x(1-x)^{1-x} > \frac{1}{2}$$

$f(x)$ を微分してその増減表を調べることとなります．微分する際には対数微分法を利用します．

$$g(x) = \log f(x)$$
$$= x\log x + (1-x)\log(1-x)$$
$$g'(x) = \frac{f'(x)}{f(x)}$$
$$= (\log x + 1) - \log(1-x) - 1$$
$$= \log\frac{x}{1-x}$$
$$\therefore\quad f'(x) = f(x)\log\frac{x}{1-x}$$
$$f(x) > 0,$$
$$\log\frac{x}{1-x} = 0 \iff \frac{x}{1-x} = 1$$
$$\iff x = \frac{1}{2}$$

そこで　$f(x)$ の増減表は表７－10となり，

$$f(x) > f\left(\frac{1}{2}\right)$$
$$= \left(\frac{1}{2}\right)^{\frac{1}{2}}\left(\frac{1}{2}\right)^{\frac{1}{2}}$$
$$= \frac{1}{2}$$

表７－10

x	0		$\frac{1}{2}$		1
f'		$-$	0	$+$	
f		↘		↗	

が成立します．

よって再形式化した問題７－10－１が証明され，結局，原題である問題７－10の不等式が証明されました．

以上，第７章では「再形式化」のストラテジーを解説してきました．

問題が複雑で取り扱いにくいとき，より扱い易い問題へと原問題を次から次へと，「生産的改造」していくことが問題解決者に一般的には要請されています．再形式化はこうした考え方を表現したストラテジーなのです．

問題解決者が与えられた問題を再形式化する際には，解決者自身が保有する「知識」を駆使して，自分なりに再形式化する必要があることも理解できたことと思います．

第8章　問題の細分

「場合分け」と「補題，補助問題 etc.」をその内容とするストラテジーです．問題の解決過程をスモールステップ化して考え易くするという特徴を共有しています．

「場合分け」は解決過程をいわば横断的（水平的）に細分化し，「補題，補助問題 etc.」は縦断的（垂直的）に細分化するわけです．

「補題，補助問題 etc.」は大学の数学においてしばしば登場するように，複雑な問題において利用されます．高等学校レベルの数学ではなかなか登場してこないストラテジーと言えますが皆無というわけではありません．

問題8－1

任意の整数 $m(\geqq 2)$ は有限個の素数の積に分解され，かつその分解の仕方は一意的であることを示せ．

素因数分解の一意性を証明するという問題です．この問題は垂直的に2段階の問題にスモールステップ化します．

問題8－1－1

任意の整数 $m \geqq 2$ に対して

$$m = q_1 q_2 \cdots q_n$$

となるような有限個の素数 q_1，q_2，$\cdots$，q_n が存在する．

問題8－1－2

整数 $m \geqq 2$ が

$$m = q_1 q_2 \cdots q_n = q_1' q_2' \cdots q_{n'}'$$

と2通りに素因数分解されたならば，$n = n'$ であって，q_1', q_2', …, q_n' の添字を適当につけかえることにより $q_k = q_k'$ $(k = 1, 2, \cdots, n)$ となるようにできる．

問題8－1－1は素因数分解の可能性を，問題8－1－2は素因数分解の一意性を表現します．

問題8－1－1は数学的帰納法により解決します．

（Ⅰ） $m = 2$ は素数よりO．K．

（Ⅱ） $m > 2$ が合成数ならば，$m = m_1 m_2$ となるような整数 m_1, $m_2 \geqq 2$ が存在する．このとき m_1, $m_2 < m$ であるから，帰納法の仮定により，m_1, m_2 は共に素数の積で表すことができて，$m = m_1 m_2$ も素数の積になる．また m が素数ならば初めから問題はない．

（Ⅰ），（Ⅱ）より証明された．

問題8－1－2では後の証明からわかるように次の補題を必要とします．

補題8－1－3

p を素数，a, b を整数とするとき，$p \mid ab$ ならば $p \mid a$ または $p \mid b$ が成立する．

（補題8－1－3の証明）

$kp + la$ （k, l は整数）なる形の正の整数のうちで最小のものを d とし，

$$d = k_0 p + l_0 a$$

とする（k_0, l_0 は整数）．

いま，p を d で割った商を q，余りを r とする．

$$p = qd + r, \quad 0 \leqq r < d.$$

このとき

$$r = p - qd = p - q(k_0 p + l_0 a) = (1 - qk_0)p + (-ql_0)a$$

は $kp + la$ なる形の整数であるから，d の最小性と $0 \leqq r < d$ より $r = 0$ が成立する．即ち，$d \mid p$．同様にして $d \mid a$ も成立．

さて，p は素数であったから，$d \mid p$ より $d = 1$ または $d = p$．

$d = p$ ならば $p \mid a$．

また $d=1$ ならば

$$b = b(k_0 p + l_0 a) = (b k_0) p + l_0 (ab)$$

より $p \mid b$ となることがわかる．（∵　$p \mid ab$）

（問題8－1－2の証明）

数学的帰納法により証明する．

（Ｉ）$m=2$ は最小の素数よりＯ．Ｋ．

（Ⅱ）$m>2$ が

$$m = q_1 q_2 \cdots q_n = q'_1 q'_2 \cdots q'_{n'}$$

と 2 通りに素因数分解されたとする．このとき，$q_n \mid q'_1 q'_2 \cdots q'_{n'}$ となるから，補題8－1－3を繰り返し用いることにより，$q_n \mid q'_k$ となるような k が存在することがわかる．

q'_1, q'_2, …, $q'_{n'}$ の添字を適当につけかえることにより $k=n'$ であるとして一般性を失わない．即ち，$q_n \mid q'_{n'}$．

ここで，$q'_{n'}$ も素数であるから，$q_n = q'_{n'}$ でなければならない．

このとき $m / q_n = m / q'_{n'}$ は整数．これを m' とおく．

$m'=1$ ならば $m = q_n = q'_{n'}$ であるから，$n = n' = 1$,

また，$m' = 1$ ならば n, $n' > 1$ で，

$$m' = q_1 q_2 \cdots q_{n-1} = q'_1 q'_2 \cdots q'_{n'-1}.$$

$m' < m$ であるから，帰納法の仮定により，$n-1 = n'-1$ であって，q'_1, q'_2, …, q'_{n-1} の添字を適当につけかえることにより $q_k = q'_k$ $(k=1, 2, \cdots, n-1)$ となるようにできる．

（Ｉ），（Ⅱ）より証明された．

こうして問題8－1－2が証明され，問題8－1－1とあわせて，問題8－1の証明が終ります．

問題8－2

次の値を求めよ．

$$\lim_{x \to 0} \frac{1}{x} \int_0^x (1 + \sin 2t)^{\frac{1}{t}} dt$$

ロピタルの定理の適用を思い付きますが，そのためには，$x \to 0$ のときの $(1+\sin 2x)^{\frac{1}{x}}$ の挙動が気になります．

$$\begin{aligned}\lim_{x\to0}(1+\sin 2x)^{\frac{1}{x}} &= \lim_{x\to0}\left[\exp\left\{\frac{1}{x}\log(1+\sin 2x)\right\}\right]\\ &= \exp\left[\lim_{x\to0}\left\{\frac{\log(1+\sin 2x)}{x}\right\}\right]\\ &= \exp\left(\lim_{x\to0}\frac{2\cos 2x}{1+\sin 2x}\right) \quad (\because \text{ロピタルの定理})\\ &= \exp 2 = e^2\end{aligned}$$

そこで，

$$f(x)=\begin{cases}(1+\sin 2x)^{\frac{1}{x}} & (x \neq 0)\\ e^2 & (x=0)\end{cases}$$

と定義すれば，$f(x)$ は連続関数となり，$\int_0^x (1+\sin 2t)^{\frac{1}{t}}dt = \int_0^x f(t)\,dt$

問題８－２にロピタルの定理を適用するためには次の補題を証明する必要があります．

補題８－２－１

$$\lim_{x\to0}\int_0^x (1+\sin 2t)^{\frac{1}{t}}dt = 0$$

$f(x)$ は連続関数より，０を含む適当な閉区間（例えば $[-1,\ 1]$ ）における $|\,f(x)\,|$ の最大値を M とおく．

$$\begin{aligned}\left|\int_0^x (1+\sin 2t)^{\frac{1}{t}}dt\right| &= \left|\int_0^x f(t)\,dt\right|\\ &\leqq \int_0^x |\,f(t)\,|\,dt\\ &\leqq M\,|\,x\,|\end{aligned}$$

よって，$\int_0^x (1+\sin 2t)^{\frac{1}{t}}dt \xrightarrow[(x\to0)]{} 0$

（補題の証明おわり）

補題８－２－１より問題８－２に対してロピタルの定理の適用が可能となります．そこで，

$$\lim_{x\to0}\frac{1}{x}\int_0^x (1+\sin 2t)^{\frac{1}{t}}dt = \lim_{x\to0}(1+\sin 2x)^{\frac{1}{x}} = e^2$$

「場合分け」では偶奇による場合分けがよく利用されます．

問題8－3

$$x^2+y^2+z^2=2xyz$$

をみたす自然数 x, y, z は存在しないことを証明せよ．

$x^2+y^2+z^2$ は偶数より，x, y, z はすべてが偶数かまたは1つが偶数で残りの2つが奇数に場合分けできます．

まず後者の場合を考えます．

$x=2X+1,\ y=2Y+1,\ z=2Z$ として一般性を失いません．

$$\begin{cases} x^2=4X(X+1)+1 \\ y^2=4Y(Y+1)+1 \\ z^2=4Z \end{cases}$$

より，

$$x^2+y^2+z^2\equiv 2\ (\mathrm{mod}.4)$$
$$2xyz\equiv 0\ (\mathrm{mod}.4)$$

よってこの場合には与式をみたす x, y, z は存在しないことが示されました．

次にもう一つの場合，即ち，x, y, z がすべて偶数の場合を考えます．

$x=2x_1,\ y=2y_1,\ z=2z_1$ とおき，与式に代入した後に，両辺を4で割ると，

$$x_1^2+y_1^2+z_1^2=2^2x_1y_1z_1$$

となります．

ここで，$x_1,\ y_1,\ z_1$ のうち，一つが偶数，二つが奇数とすると，4の剰余類を考えることにより先と同様にして矛盾が生じます．

結局，$x_1,\ y_1,\ z_1$ すべて偶数となり，$x_1=2x_2,\ y_1=2y_2,\ z_1=2z_2$ とおいて同様の計算をおこなうならば，

$$x_2^2+y_2^2+z_2^2=2^3x_2y_2z_2$$

となります．以下同様の議論をくり返すことにより最終的に，

「$x_n,\ y_n,\ z_n$ のうち二つは奇数，一つは偶数として，

$$x_n^2+y_n^2+z_n^2=2^{n+1}x_ny_nz_n$$

をみたす x_n, y_n, z_n は存在しない」

という補題に到達します.

しかしこの問題は前半と同様，４の剰余類を考えることによって証明できることは明らかです.

そこで二つの場合を合わせて，問題８－３の条件式をみたす x, y, z は存在しないことが示されたこととなります.

問題８－４

$a^2+b^2=c^2$ をみたす自然数 a, b, c について，次の(１)，(２)を証明せよ.

（１） ab は 12 の倍数である.

（２） a, b, c の少なくとも一つは５の倍数である.

---

(１)を証明するためには，まず次の補題８－４－１を，そして結局は補題８－４－２を証明することとなります.

補題８－４－１

ab は３の倍数である.

補題８－４－２

a または b は３の倍数である.

３の剰余類で場合分けすることとなります.

$(3k\pm1)^2=3(3k^2\pm2k)+1\equiv1\ (\mathrm{mod}.3)$ より，

$a,\ b\ \neq 3k$ とすると，

$$a^2+b^2\equiv2\ (\mathrm{mod}.3)$$

一方，$c^2\equiv0,\ 1\ (\mathrm{mod}.3)$

よって矛盾が生じて補題が証明されました.

問題８－４(１)を証明するためには，あとは理想的には，

「ab は４の倍数」

となればよいわけです．a, b を偶奇によって場合分けすることとなります．

（イ）a, b ともに偶数

（ロ）a, b ともに奇数

（ハ）a, b の一方が偶数，他方が奇数

(イ)の場合は ab は４の倍数となるので問題はありません．

(ロ)の場合

$(2k+1)^2 = 4(k^2+k)+1 \equiv 1 \pmod{4}$, $(2k)^2 \equiv 0 \pmod{4}$ より，

$a^2+b^2 \equiv 2 \pmod{4}$

一方，$c^2 \equiv 0, 1 \pmod{4}$

よって(ロ)の場合はありえない．

(ハ)の場合

$c^2 = a^2+b^2$ は奇数より c は奇数となります．

$a = 2A$, $b = 2B+1$, $c = 2C+1$ とおくこととします．$a^2 = c^2 - b^2$ に代入して４で割ると，

$$A^2 = C(C+1) - B(B+1)$$

となります．連続する２数の積は偶数ですから，A^2 そして A が偶数となり，a そして ab は４の倍数となります．

（イ)，(ロ)，(ハ)より「ab は４の倍数である」が証明されました．補題と合わせて，(１)即ち「ab は 12 の倍数である」ことが証明されたのです．

(２)は５の剰余類で場合分けして一つ一つチェックすればよいのです．

$$(5k \pm 1)^2 \equiv 1 \pmod{5}$$

$$(5k \pm 2)^2 \equiv 4 \pmod{5}$$

より，a, b, c すべて５の倍数でないとすると，

$$a^2+b^2 \equiv 0,\ 2,\ 3 \pmod{5}$$

一方，$c^2 \equiv 1, 4 \pmod{5}$

よって矛盾が生じて(２)が証明されたこととなります．

一般の高校生は剰余類は学習しませんので，彼等を対象とする際には，

$$(5k \pm 1)^2 = 5(5k^2 \pm 2k) + 1$$

等々，丁寧に展開して解説する注意は必要です．

問題8－5

すべての正の整数 n に対して，

$$a_n = 5^n + an + b$$

が 16 の倍数となるような 16 以下の正の整数 a, b を求めよ．

特殊化の例題，問題6－16 として取り上げた問題です．そこでは「特別な場合」として，$n=1, 2$ の場合を考えて，条件をみたす a_n の候補を，

$$a_n = 5^n + 12n + 15$$

に絞り込みました．あとはすべての n に対して a_n が 16 の倍数となることを示すのですが，問題6－16 では数学的帰納法により証明しました．

ここでは 16 の剰余類による証明をおこないます．

$5^1 \equiv 5 \pmod{16}$，$5^2 \equiv 9 \pmod{16}$，$5^3 \equiv 13 \pmod{16}$，$5^4 \equiv 1 \pmod{16}$ の関係より，$n = 4k,\ 4k+1,\ 4k+2,\ 4k+3$ による場合分けで示せばよいという見通しが得られます．

すべてをチェックするのは，この本の読者に対しては適当と思われませんので $n = 4k+1$ の場合のみ示すと次の通りです．

$$\begin{aligned} a_n &= 5^{4k+1} + 12(4k+1) + 15 \\ &\equiv 5 + 12 + 15 \pmod{16} \\ &\equiv 0 \pmod{16} \end{aligned}$$

問題8－6

次の漸化式を考える．

$$\begin{cases} a_0 = 2,\ a_1 = 7 \\ a_k = a_{\left[\frac{k}{3}\right]} + a_{\left[\frac{k+1}{3}\right]} + a_{\left[\frac{k+2}{3}\right]} - 4 \ (k \geqq 2) \end{cases}$$

ここで，$[x]$ はガウス記号を表すものとする．

このとき，

$$a_k = 5k + 2 \ (k \geqq 0)$$

を示せ．

このような漸化式を解くための計算テクニックが存在するとは思えません．「帰納的に」考えてパターンを発見することとなります．

$$a_2 = a_0 + a_1 + a_1 - 4 = 12 = 5 \cdot 2 + 2$$

$$a_3 = a_1 + a_1 + a_1 - 4 = 17 = 5 \cdot 3 + 2$$

$$a_4 = a_1 + a_1 + a_2 - 4 = 22$$

$$a_5 = a_1 + a_2 + a_2 - 4$$

$$a_6 = a_2 + a_2 + a_2 - 4$$

このあたりで添字のガウス記号の規則性が見えてきました．k について3の剰余類で場合分けすればよいということです．

あとは定石通り，数学的帰納法によって証明することとなります．

（Ⅰ）$k=0,\ 1$ のときの成立は明らかです．

（Ⅱ）累積型，即ち $k-1$ 以下の場合の成立を仮定して結論を示すこととなります．

（イ）$k=3j$ のとき

$$\begin{aligned} a_k &= a_j + a_j + a_j - 4 \\ &= 3a_j - 4 \\ &= 3(5j+2) - 4 \quad \text{（帰納法の仮定）} \\ &= 15j + 2 \\ &= 5k + 2 \end{aligned}$$

（ロ）$k=3j+1$ のとき

$$\begin{aligned} a_k &= a_j + a_j + a_{j+1} - 4 \\ &= 2a_j + a_{j+1} - 4 \\ &= 2(5j+2) + 5(j+1) + 2 - 4 \\ &= 15j + 7 = 5(k-1) + 7 \\ &= 5k + 2 \end{aligned}$$

（ハ）$k=3j+2$ のとき

$$\begin{aligned} a_k &= a_j + a_{j+1} + a_{j+1} - 4 = a_j + 2a_{j+1} - 4 \\ &= 5j + 2 + 2\{5(j+1) + 2\} - 4 \end{aligned}$$

$$= 15j + 12 = 5(k-2) + 12$$
$$= 5k + 2$$

（イ），（ロ），（ハ）より stepⅡは O.K.

（Ⅰ），（Ⅱ）より証明された．

これまでの例題から理解できるように，整数の問題では場合分けして一つ一つ丹念に調べあげていくという知的忍耐力がためされることが多いのです．整数問題は高校生に知的たくましさを養うにふさわしいと言われる由縁です．

問題８－７

$$g(\theta) = 1 + 2\sqrt{2}a\sin\theta + b(1 - 2\cos^2\theta)$$

とおく．任意の θ に対して，$g(\theta) \geqq 0$ であるような a, b を座標とする点 $(a,\ b)$ の存在する範囲を図示せよ．

$\sin\theta = x$ と置き換えると，

$$g(\theta) = 1 + 2\sqrt{2}ax + b\{1 - 2(1 - x^2)\}$$
$$= 1 + 2\sqrt{2}ax + b(2x^2 - 1) = f(x)$$

となりますので，問題８－７は次の問題へ再形式化されます．

問題８－７－１

$-1 \leqq x \leqq 1$ なるすべての x に対して，$f(x) \geqq 0$ となる $(a,\ b)$ の範囲を図示せよ．

問題８－７－２

$m = \min\limits_{-1 \leqq x \leqq 1} f(x) \geqq 0$ となる $(a,\ b)$ の範囲を図示せよ．

$$f(x) = 2bx^2 + 2\sqrt{2}ax + 1 - b$$
$$= 2b\left(x + \frac{a}{\sqrt{2}b}\right)^2 + 1 - b - \frac{a^2}{b} \ (b = 0)$$

より，軸の方程式は$x=\dfrac{-a}{\sqrt{2}b}$となります．

$b=0$のとき二次関数の定符号問題となりますから軸の位置によって以下の場合分けとなります．

（イ）$b=0$のとき

（イ－１）$a\geqq 0$のとき

（イ－２）$a<0$のとき

（ロ）$b>0$のとき

（ロ－１）軸<-1のとき

（ロ－２）$-1\leqq$軸$\leqq 1$のとき

（ロ－３）$1<$軸のとき

（ハ）$b<0$のとき

（ハ－１）軸$\leqq 0$のとき

（ハ－２）$0<$軸のとき

あとは一つ一つ丹念にチェックすればよいこととなります．しかしここではもう少し要領よく場合分けすることとします．

（Ⅰ）$b\leqq 0$のとき

$$m=f(-1)\ \text{または}\ f(1)$$

（Ⅱ）$b>0,\ \left|\dfrac{-a}{\sqrt{2}b}\right|\geqq 1$のとき

$$m=f(-1)\ \text{または}\ f(1)$$

（Ⅲ）$b>0,\ \left|\dfrac{-a}{\sqrt{2}b}\right|<1$のとき

$$m=f\left(\frac{-a}{\sqrt{2}b}\right)$$

結局以下のようにまとまります．

$$\begin{cases}(\text{Ⅰ}),(\text{Ⅱ})\text{のとき}\ f(-1)\geqq 0\ \text{かつ}\ f(1)\geqq 0\\ (\text{Ⅲ})\text{のとき}\ f\left(\dfrac{-a}{\sqrt{2}b}\right)\geqq 0\end{cases}$$

$f(-1)=1-2\sqrt{2}a+b,\ f(1)=1+2\sqrt{2}a+b,\ f\left(\dfrac{-a}{\sqrt{2}b}\right)=1-b-\dfrac{a^2}{b}$なので，

（Ⅰ）（Ⅱ）

$b\leqq 0$

または

$(b>0,\ b \leqq \dfrac{1}{\sqrt{2}}|a|)$

のとき,

$$\begin{cases} b \geqq 2\sqrt{2}a-1 \\ b \geqq -2\sqrt{2}a-1 \end{cases}$$

(Ⅲ)

$b>0,\ b>\dfrac{1}{\sqrt{2}}|a|$

のとき,

$$1-b-\frac{a^2}{b} \geqq 0$$

$$\Longleftrightarrow b-b^2-a^2 \geqq 0$$

$$\Longleftrightarrow a^2+\left(b-\frac{1}{2}\right)^2 \leqq \left(\frac{1}{2}\right)^2$$

そこで,

図8－7の範囲となります.

図8－7

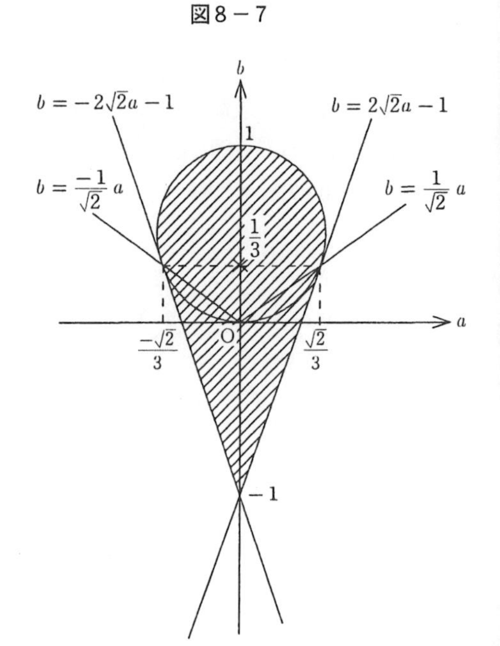

問題8－8

$0<a<2,\ 0<b<2$ のとき，$ab \leqq 1$ または $(2-a)(2-b) \leqq 1$ が成り立つことを証明せよ.

問題の具体的意味を考えるならば，図8－8のように場合分けしたくなります．即ち,

(Ⅰ) $1 \leqq a<2,\ 1 \leqq b<2$ のとき,

$(2-a)(2-b) \leqq 1$ が成立.

(Ⅲ) $0<a<1,\ 0<b<1$ のとき,

$ab \leqq 1$ が成立

とすぐわかるからです.

あとは(Ⅱ)，(Ⅳ)の場合に結論を導けばよいこととなります.

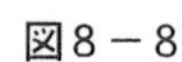

図8－8

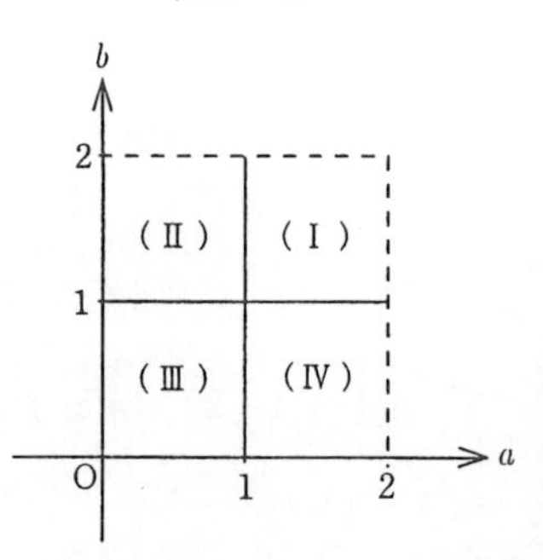

$$\left.\begin{array}{l}(\text{II})\ 0<a<1,\ 1 \leqq b<2 \\ (\text{IV})\ 1 \leqq a<2,\ 0<b<1\end{array}\right\}\text{のとき}$$

この場合，直接に，$1-ab \geqq 0$ または$1-(2-a)(2-b) \geqq 0$ を示すのは困難です．

$A \geqq 0$ または$B \geqq 0$を示すという問題においては，「再形式化」を利用して，$A+B \geqq 0$ を示す問題に転換する場合があることを知っているならば，次のように解決します．

$$(1-ab)+\{1-(2-a)(2-b)\}=-2(a-1)(b-1) \geqq 0$$

$\therefore$　$1-ab \geqq 0$　または　$1-(2-a)(2-b) \geqq 0$ が成り立つ

問題8－9

図8－9－1に示すように，4つの自然数a_0，b_0，c_0，d_0 を円のまわりに配置する．

次に，$a_1=|a_0-b_0|$，$b_1=|b_0-c_0|$，$c_1=|c_0-d_0|$，$d_1=|d_0-a_0|$ によって定義される4つの0以上の整数a_1，b_1，c_1，d_1 を図8－9－2に示すように，同様に円のまわりに配置する．

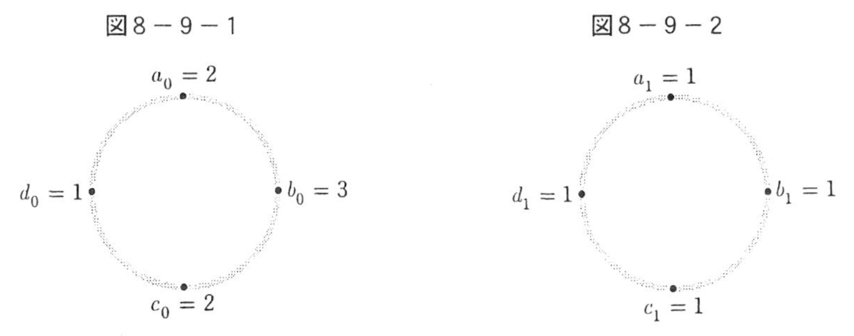

以下，$a_{n+1}=|a_n-b_n|$，$b_{n+1}=|b_n-c_n|$，$c_{n+1}=|c_n-d_n|$，$d_{n+1}=|d_n-a_n|$ と定義して，同様の操作をくり返すものとする．ただし，すべてが0となった場合には，そこで操作を打ち切るものとする．例えば，図8－9の例では，$a_2=b_2=c_2=d_2=0$ となり，そこで打ち切る．

任意の4つの自然数a_0，b_0，c_0，d_0 に対して，上の操作は有限回で打ち切られることを証明せよ．

任意の自然数より出発するのですから，順思考的に順番通り出発点より考えようとしても先に進みません．

結論の状態はすべて０と決まっています．「後ろ向きにたどる」において解説した逆思考の考え方が有効となります．

$a_k = b_k = c_k = d_k = 0$ とすると，$a_{k-1} = b_{k-1} = c_{k-1} = d_{k-1}$ でなければなりません．

偶奇によって場合分けします．

すべてが偶数とすると，a_{k-2}，b_{k-2}，c_{k-2}，d_{k-2} はすべて偶数または奇数となります．

すべてが奇数とすると，２つの組，$(a_{k-2},\ c_{k-2})$ と $(b_{k-2},\ d_{k-2})$ の偶奇が異なることとなります．

このように考えると，最初の４つの数の偶奇の場合分けによって考えるという発想が生まれます．

場合Ⅰ……すべて偶数

場合Ⅱ‥‥３つが偶数，１つが奇数

場合Ⅲ……２つが偶数，２つが奇数

この場合は以下の２つの状態に場合分けされます．

場合Ⅲ－１……偶数同士，奇数同士が隣り合う

場合Ⅲ－２……偶数同士，奇数同士が向き合う

場合Ⅳ……１つが偶数３つが奇数

場合Ⅴ……すべて奇数

場合Ⅴは一回の操作により，場合Ⅰに移行するということに直ちに気付きます．

場合Ⅲ－２は一回の操作で場合Ⅴに移行しますから，その次の操作で場合Ⅰに移行します．

残りの場合も同様にしてすべて場合Ⅰに移行することが確認できます．即ち，場合Ⅲ－１は３回で，場合ⅡとⅣは４回の操作で場合Ⅰに移行します．

結局，場合Ⅰの状態のみを考えればよいこととなります．

$a_0 = 2a'$, $b_0 = 2b'$, $c_0 = 2c'$, $d_0 = 2d'$ とすると，また a', b', c', d' の偶奇を考えることにより，上と同様の議論により，何回かの操作後に，$4a''$, $4b''$, $4c''$, $4d''$ に移行します．即ち，４つの数は４で割り切れることとなります．

同様の議論をくり返すことによって，2^t（t は任意の自然数）により，何回か操作したあとに生じた４つの数は割り切れることとなります．

一方，$x \geqq 0$, $y \geqq 0$ のとき，$|x-y| \leqq x$ または $|x-y| \leqq y$ が成立します．即ち，$|x-y| \leqq \mathrm{Max}\{x, y\}$ です．

そこで十分大きな k に対して，$a_k = b_k = c_k = d_k = 0$ となることが示されたこととなります．

以上，第８章では場合分けを中心に解説しました．

第 9 章　定義に戻る

問題 9 − 1

（1） 一般角 θ に対して $\sin\theta$, $\cos\theta$ の定義を述べよ.

（2） （1）で述べた定義にもとづき，一般角 α, β に対して

$$\sin(\alpha+\beta)=\sin\alpha\cos\beta+\cos\alpha\sin\beta,$$

$$\cos(\alpha+\beta)=\cos\alpha\cos\beta-\sin\alpha\sin\beta$$

を証明せよ.

1999 年度の東京大学の入学試験において出題され，話題を集めた問題です.

この例に限らず，高校生に対して定義，基本に戻ることを強調することは大切なことです. 小さい頃より答がただ合っているか違っているかに関心が集中していた彼らの多くは，数学の勉強の仕方を身につけていないからです.

大学において公理的構成の考え方に慣れ親しんだ我々のようには彼らは数学を理解しないのです.

筆者が定積分に関してこのことを調査，確認したのが次の問題です.

問題 9 − 1 − 1

（1） $g(x)=\int_a^x (t^3+t^2)\,dt$ について，

（i） $g(x)$ を求めよ.

（ii） $g'(x)$ を求めよ.

（2） $\dfrac{d}{dx}\int_a^x f(t)\,dt=f(x)$ を証明せよ.

（3） 定積分 $\int_a^b f(x)\,dx$ の定義を述べよ.

（1），（2）の正解率は93％と91％でした．

（3）に対する結果を集計したのが次の表です．（数値はパーセント表示です．）

表9－1

逆微分	面積	区分求積	無解答
20	35	20	25

教科書にあるように説明したものを「逆微分」，単に面積を与える等々と答えたものを「面積」，区分求積の考え方により説明したものを「区分求積」と分類してあります．

問題（1），（2）において「逆微分」へのヒントを与えたうえでの結果ですから意外なものです．

数年間にわたって異なる学年で調査しましたが似たような結果となっています．

また微分係数の定義についても同様の調査をおこなったところ，接線の傾きと答えるものが多数派でした．

高校生のほとんどは将来，数学科へ進学するわけではありません．彼らの多くは入学試験に合格するためだけに数学を勉強しているのが現実です．彼らの関心は入試問題のようなタイプの問題が解けるようになるということです．我々が予定するように数学を理解しないのは当然ともいえます．

問題9－1に戻り，受験生の出来は悪かったと聞いていますが，以上の話に納得して頂ければ当然の結果と言えましょう．

もっとも（2）は選抜試験問題として適当かどうかは問題のあるところです．教科書にのっているような証明の工夫は覚えていなければ無理で，限られた時間内で独力で考え出すことはまず不可能でしょう．受験生からもそう聞いています．またこの出題をうけて早速，高校生に試したところもそうでした．

高校生の数学的実力をためすには，例えば，加法定理を与えておいてそこから和積公式；$\sin A+\sin B=2\sin\frac{A+B}{2}\cos\frac{A-B}{2}$ を導かせるだけで十分です．実際に問題9－1と合わせて調査したところ，問題9－1（2）よりも，はっきりと被験者の実力差が現れました．

以下では「定義に戻る」ことを必要とする，定義に関する問題を取り上げていくこととします．

まず微分に関する問題を取り上げます．

問題９－２

$xf(x)$ は $x_0 \neq 0$ において微分可能とする．

このとき，$f(x)$ も x_0 において微分可能であることを証明せよ．

微分係数の定義に戻り，$\lim_{x \to x_0} \dfrac{xf(x) - x_0 f(x_0)}{x - x_0} = L$ を仮定して，

$\lim_{x \to x_0} \dfrac{f(x) - f(x_0)}{x - x_0}$ が存在することを示す問題となります．

$$\frac{f(x) - f(x_0)}{x - x_0} = \frac{\dfrac{xf(x)}{x} - \dfrac{x_0 f(x_0)}{x_0}}{x - x_0}$$

$$= \frac{xx_0 f(x) - xx_0 f(x_0)}{xx_0(x - x_0)} \cdots ①$$

$$= \frac{xx_0 f(x) - x_0^2 f(x_0) + x_0^2 f(x_0) - xx_0 f(x_0)}{xx_0(x - x_0)} \cdots ②$$

$$= \frac{x_0(xf(x) - x_0 f(x_0)) - x_0 f(x_0)(x - x_0)}{xx_0(x - x_0)}$$

$$= \frac{1}{x} \times \frac{xf(x) - x_0 f(x_0)}{x - x_0} - \frac{f(x_0)}{x}$$

$$\xrightarrow[(x \to x_0)]{} \frac{1}{x_0}(L - f(x_0))$$

となって，$f'(x_0)$ が存在すること，$x = x_0$ において微分可能であることが証明されました．

①から②への変形は，積の微分公式を証明する際等々において似たような変形をおこなってきたところです．

なお同じようですが，①から②への変形を次のようにしますと，$x = x_0$ における $f(x)$ の連続性を仮定しなければならず，うまくいきません．

$$
\begin{aligned}
① &= \frac{xx_0 f(x) - x^2 f(x) + x^2 f(x) - xx_0 f(x_0)}{xx_0(x - x_0)} \\
&= \frac{-xf(x)(x - x_0) + x(xf(x) - x_0 f(x_0))}{xx_0(x - x_0)} \\
&= \frac{-f(x)}{x_0} + \frac{1}{x_0} \times \frac{xf(x) - x_0 f(x_0)}{x - x_0} \xrightarrow[(x \to x_0)]{} ?
\end{aligned}
$$

問題9－3

$f(x) = a_1 \sin x + a_2 \sin 2x + \cdots + a_n \sin nx$ とおく．ここで n は自然数，$a_i (1 \leqq i \leqq n)$ は実数である．

任意の x に対して，$|f(x)| \leqq |\sin x|$ が成り立つとき，

$$|a_1 + 2a_2 + \cdots + na_n| \leqq 1$$

を証明せよ．

$f'(0) = a_1 + 2a_2 + \cdots + na_n$ の関係を見出すならば，またそのことはそれほど困難ではないはずですが，$f(0) = 0$ とあわせ，微分係数の定義に戻ることによって，次のように解決します．

$$
\begin{aligned}
|f'(0)| &= \lim_{x \to 0} \left| \frac{f(x) - f(0)}{x - 0} \right| \\
&= \lim_{x \to 0} \left| \frac{f(x)}{x} \right| \\
&\leqq \lim_{x \to 0} \left| \frac{\sin x}{x} \right| \\
&= 1
\end{aligned}
$$

$$\therefore \quad |a_1 + 2a_2 + \cdots + na_n| \leqq 1$$

次に，無限級数の和に関する問題を取り上げます．

問題9－4

数列 $\{a_n\}$ は単調列で，$\displaystyle\sum_{n=1}^{\infty} a_n$ は収束し，$S = \displaystyle\sum_{n=1}^{\infty} a_n$ とする．

このとき，$\displaystyle\sum_{n=1}^{\infty} n(a_n - a_{n+1})$ は収束し，値は S となることを証明せよ．

無限級数の和$\sum_{n=1}^{\infty} a_n$の定義は，部分和$S_k = \sum_{n=1}^{k} a_n$の数列$\{S_k\}$を考え，その極限$\lim_{k\to\infty} S_k = S$が存在するとき，$\sum_{n=1}^{\infty} a_n = S$と定義したのでした．

問題９－４でも，部分和$s_k = \sum_{n=1}^{k} n(a_n - a_{n+1})$の極限を考えることが定義に従う数学的な考え方です．

その前に，$\sum_{n=1}^{\infty} a_n$が収束することより，$\lim_{n\to\infty} a_n = 0$が成立します．

以下では$\{a_n\}$が正の単調減少列の場合について証明します．（負の単調増加列の場合も同様に証明できます．）

$$\begin{aligned} s_k &= \sum_{n=1}^{k} n(a_n - a_{n+1}) \\ &= a_1 + (2-1)a_2 + \cdots + \{k-(k-1)\}a_k - ka_{k+1} \\ &= \sum_{n=1}^{k} a_n - ka_{k+1} \end{aligned}$$

そこで，$\lim_{k\to\infty} ka_{k+1} = 0$を示せばよいこととなります．

$\sum_{n=1}^{\infty} a_n$が収束することより，

$$\lim_{n\to\infty}(a_n + a_{n+1} + \cdots + a_{2n}) = 0$$

また，$a_n + a_{n+1} + \cdots + a_{2n} \geqq na_{2n}$

$$\therefore \quad \lim_{n\to\infty} na_{2n} = 0 \Longleftrightarrow \lim_{n\to\infty} na_n = 0$$

$$\therefore \quad \lim_{k\to\infty} ka_{k+1} = \lim_{k\to\infty}\{(k+1)a_{k+1} - a_{k+1}\} = 0$$

よって，$\lim_{k\to\infty} s_k = \lim_{k\to\infty}\left(\sum_{n=1}^{k} a_k - ka_{k+1}\right) = S$

問題９－５

実数列$\{a_n\}$について，$\sum_{k=1}^{\infty} \frac{a_k}{k}$は収束するものとする．

アーベルの級数変化法を利用して次の式を証明せよ．

$$\lim_{n\to\infty} \frac{1}{n}\sum_{k=1}^{n} a_k = 0$$

ここで，アーベルの級数変化法とは次の公式のことである．

$$\sum_{k=1}^{n} a_k b_k = A_n b_n - \sum_{k=1}^{n-1} A_k (b_{k+1} - b_k),\quad A_k = \sum_{i=1}^{k} a_i$$

結論の左辺，$\dfrac{1}{n}\sum_{k=1}^{n} a_k = 0$ より，微積分の演習問題で見かける次の補題の利用が連想されます．

補題９－５－１

数列 $\{x_n\}$ に対し，数列 $\{y_n\}$ を，

$$y_n = \frac{x_1 + x_2 + \cdots + x_n}{n}$$

によって定義する．このとき，

$$\lim_{n\to\infty} x_n = x \quad \text{ならば} \quad \lim_{n\to\infty} y_n = x$$

が成り立つ．

よく見かける問題ですから，以下には参考として，「天下り式」の証明をのせておくこととします．

任意の n に対して，$|x_n| < A$ となるような A を選ぶ．

任意の $\varepsilon > 0$ に対して，n_1 を次のように選ぶものとする．$n \geqq n_1$ なる任意の n に対して，$|x_n - x| < \dfrac{\varepsilon}{2}$ が成立．

次に n_2 を $\dfrac{n_1(A + |x|)}{n_2} < \dfrac{\varepsilon}{2}$ となるように選ぶものとする．

$N = \mathrm{Max}\{n_1,\ n_2\}$ とおくと，$n \geqq N$ に対して以下の評価が成立．

$$\begin{aligned}
|y_n - x| &= \frac{|x_1 + x_2 + \cdots + x_n - nx|}{n} \\
&\leqq \frac{|x_1 - x| + \cdots + |x_{n_1} - x|}{n} + \frac{|x_{n_1+1} - x| + \cdots + |x_n - x|}{n} \\
&\leqq \frac{n_1(A + |x|)}{n_2} + \frac{n - n_1}{n} \cdot \frac{\varepsilon}{2} \\
&< \frac{\varepsilon}{2} + \frac{\varepsilon}{2} = \varepsilon
\end{aligned}$$

$$\therefore \quad \lim_{n\to\infty} y_n = x$$

（補題９－５－１証明おわり）

問題９－５に戻り，仮定より，

$S_n = \sum_{k=1}^{n} \frac{a_k}{k}$ とおくと，$\lim_{n\to\infty} S_n = S$ となります．

アーベルの公式を利用すると，

$$\begin{aligned}
\sum_{k=1}^{n} a_k &= \sum_{k=1}^{n} \left(\frac{a_k}{k}\right)\cdot k \\
&= S_n \cdot n - \sum_{k=1}^{n-1} S_k \cdot \{(k+1) - k\}
\end{aligned}$$

$$\begin{aligned}
\therefore \quad \frac{1}{n}\sum_{k=1}^{n} a_k &= S_n - \frac{1}{n}\sum_{k=1}^{n-1} S_k \\
&= S_n - \frac{n-1}{n}\cdot\frac{\sum_{k=1}^{n-1} S_k}{n-1} \\
&\xrightarrow[(n\to\infty)]{} S - 1\cdot S \quad (\because \text{補題９－５－１}) \\
&= 0
\end{aligned}$$

補題９－５－１が初めの意図とは異なる形で利用されたのでした．

問題９－６

次の関数は周期関数であるか否かを答えよ．また周期関数である場合には，その周期を求めよ．

（１） $f(x) = 2^{\sin x}$

（２） $f(x) = \sin(\sin x)$

（３） $f(x) = \cos(\sin x)$

（４） $f(x) = \cos x + \cos(\sqrt{2}x)$

周期関数とは，すべての x に対して，$f(x+c) = f(x)$ が成立するような定数 $c\,(= 0)$ の存在する関数のことです．また正の数 c の最小値が周期です．

定義に戻って各関数をチェックします．

（１） $f(x+c) = f(x) \Longleftrightarrow 2^{\sin(x+c)} = 2^{\sin x}$

$$\iff \sin(x+c)=\sin x$$

よって，$f(x)$ は周期 2π の周期関数.

（2） $f(x+c)=f(x) \iff \sin(\sin(x+c))=\sin(\sin x)$ $\cdots$①

ここで，$-\frac{\pi}{2}<-1 \leqq \sin(x+c)$，$\sin x \leqq 1<\frac{\pi}{2}$ かつ $-\frac{\pi}{2} \leqq t \leqq \frac{\pi}{2}$ において $\sin t$ は単調増加

$$\therefore\quad ① \iff \sin(x+c)=\sin x$$

よって $f(x)$ は周期 2π の周期関数.

（3） $f(x+c)=f(x) \iff \cos(\sin(x+c))=\cos(\sin x)$ $\cdots$②

ここで(2)と同様に考えると $\cos t$ は偶関数より，

$$② \iff \sin(x+c)=-\sin x$$

よって $f(x)$ は周期 π の周期関数.

（4） $f(x+c)=f(x) \iff \cos(x+c)+\cos(\sqrt{2}x+\sqrt{2}c)=\cos x+\cos(\sqrt{2}x)$

成立しそうにない見通しが得られます.「特別な場合」を考え，$x=0$ とおくと，

$$\cos c+\cos(\sqrt{2}c)=2$$

$$\therefore\quad c=2k\pi,\ \sqrt{2}c=2n\pi$$

すると $\sqrt{2}=\frac{n}{k}\in\mathbb{Q}$ となり矛盾.

よって $f(x)$ は周期関数ではない.

問題9－7

数列 $\{a_n\}$ に対して，数列 $\{b_n\}$ を

$$b_n=\frac{1}{n}\sum_{k=1}^{n}a_k$$

によって定義する．このとき(1)，(2)の命題の真偽を判定せよ.

（1） $\{a_n\}$ が等差数列ならば $\{b_n\}$ も等差数列である.

（2） $\{b_n\}$ が等差数列ならば $\{a_n\}$ も等差数列である.

公差を d とします.

（1） $a_n=a_1+(n-1)d$ より

$$b_n = \frac{1}{n} \times \frac{n(a_1 + a_n)}{2} = \frac{2a_1 + (n-1)d}{2}$$
$$= a_1 + (n-1)\frac{d}{2}$$

よって$\{b_n\}$は初項a_1，公差$\dfrac{d}{2}$の等差数列とわかりました.

（2） $b_n = b_1 + (n-1)d,\ \sum_{k=1}^{n} a_k = nb_n$ より，

$$n \geqq 2,\ \ a_n = nb_n - (n-1)b_{n-1}$$
$$= n\{b_1 + (n-1)d\} - (n-1)\{b_1 + (n-2)d\}$$
$$= b_1 + (n-1)(2d)$$

$a_1 = 1 \cdot b_1 = b_1$ より，

$n \geqq 1,\ \ a_n = b_1 + (n-1)(2d)$

よって$\{a_n\}$は初項b_1，公差$2d$の等差数列です.

問題９－８

正方形 ABCD を底面とし，V を頂点とする正四角錐において，底面と斜面のなす２面角が 45° のとき，隣りあう２つの斜面のなす２面角を求めよ.

２つの平面 VAB と VBC の交線が VB ですから，定義より，問題の２面角は図９－８－１における∠AHC になります.

図９－８－１

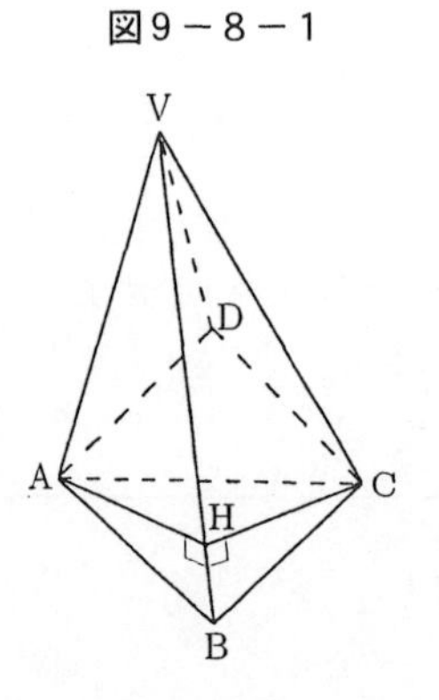

図９－８－２

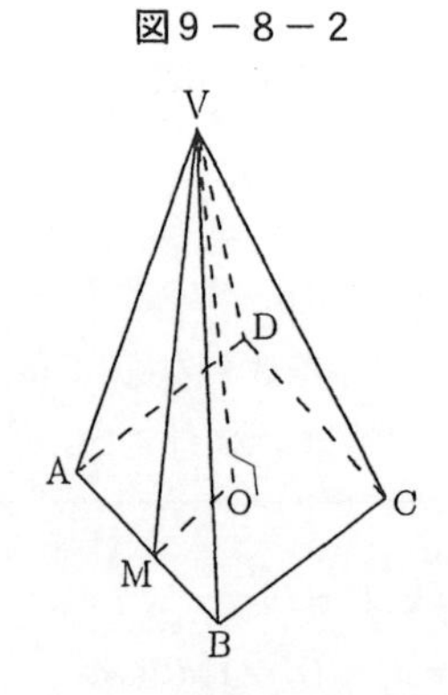

△AHC に余弦定理を適用して cos∠AHC を求めることとなります．

AH＝CH の長さを知る必要があります．そのためには，図9－8－2と組み合わせて△VAB の面積を二通りで考えることによって求まります．小学校，中学校時代において同様の計算をしたことでしょう．

AB＝BC＝2 とおきます．

$$\mathrm{VM}=\frac{\mathrm{OM}}{\cos 45^\circ}=\sqrt{2}$$

$$\mathrm{VA}=\mathrm{VB}=\sqrt{(\mathrm{VM})^2+(\mathrm{MB})^2}=\sqrt{3}$$

$\mathrm{AH}\cdot\mathrm{VB}=2\triangle\mathrm{VAB}=\mathrm{AB}\cdot\mathrm{VM}$ より

$$\sqrt{3}\,\mathrm{AH}=2\sqrt{2}$$

$$\therefore\quad \mathrm{CH}=\mathrm{AH}=2\sqrt{\frac{2}{3}}$$

$$\therefore\quad \cos\angle\mathrm{AHC}=\frac{(\mathrm{AH})^2+(\mathrm{CH})^2-\mathrm{AC}^2}{2\mathrm{AH}\cdot\mathrm{CH}}=-\frac{1}{2}$$

よって $\angle\mathrm{AHC}=120^\circ$

問題9－9

半径1の4個の球が次の状態で互いに外接しているものとする．

3個は床の上にのっており，残りの1個は3個の上にのって外接している．

これら4個の球に外接する正四面体 T を考える．

T の一辺の長さ t を求めよ．

「絵，図を書く」の例題，問題2－10として取り上げた問題です．

ここでは今登場した2面角を利用して解くことを考えます．

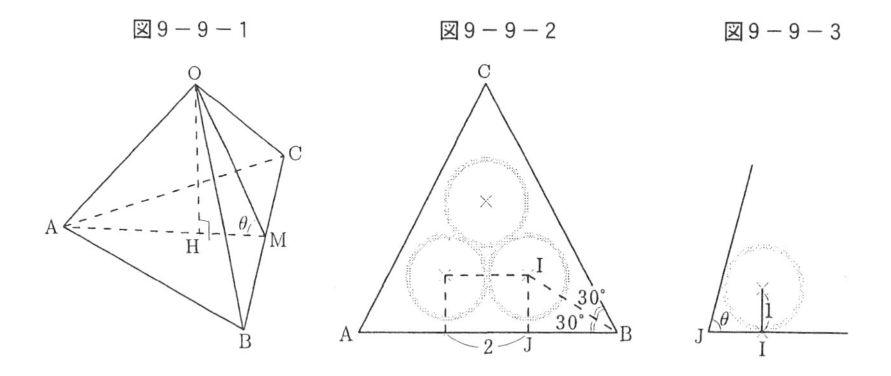

図9－9－1において，$\angle\mathrm{OMA}=\theta$ が正四面体の2面角です．Hは△ABCの重心より，

$$\cos\theta=\frac{\mathrm{MH}}{\mathrm{OM}}=\frac{1}{3}$$

図9－9－2，図9－9－3より，

$$\mathrm{IJ}=\frac{1}{\tan\frac{\theta}{2}}=\frac{\cos\frac{\theta}{2}}{\sin\frac{\theta}{2}}=\sqrt{\frac{1+\cos\theta}{1-\cos\theta}}\quad(\text{半角の公式})$$
$$=\sqrt{2}$$
$$\therefore\quad \mathrm{AB}=2+2\mathrm{BJ}$$
$$=2+2\times\sqrt{3}\mathrm{IJ}$$
$$=2+2\sqrt{6}$$

となり．問題の正四面体の一辺の長さが求まりました．

次は重心の定義，基本的性質に戻る問題です．

問題9－10

線分ABを直径とする円をXとし，その中心をOとする．

線分ABを2:1に内分する点をEとし，AEを直径とする円をYとする．

X上の任意の点をCとし，ACとYとの交点をPとする．さらに，直線BCとOPとの交点をDとおく．

このとき点Cは線分BDの中点となることを証明せよ．

Oが ABの中点より，DOは△DABの中線です．

逆向きに考えて，点CがBDの中点とすると，二本の中線の交点である点Pは△DABの重心となります．ならばOP:PD＝1:2となるはずです．

ABとAEはそれぞれ円Xと円Yの

図9－10

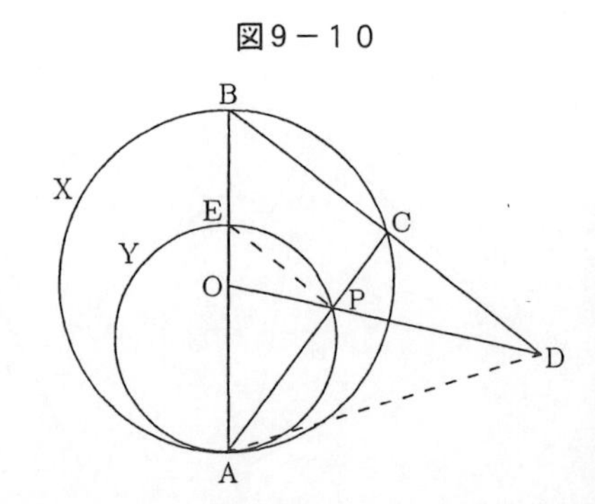

直径ですから，

$$BC \perp AC,\quad EP \perp AC$$

$$\therefore\quad BC \parallel EP$$

が成り立ちます．

そこで，$\dfrac{OP}{PD}=\dfrac{OE}{EB}=\dfrac{1}{2}$

となり，確かにＰは△DABの重心，よってＣはBDの中点となることが示されるのです．

次の問題では，内心，楕円の定義および楕円の接線に関する性質に戻る必要があります．接線に関する性質とは次のことです．

「２点F, F′ を焦点とする楕円上の点Ｐにおける接線は，$\angle F'PF$ の外角を二等分する．」

証明は次の通りです．

$\angle FPF'$ の外角の２等分線上の任意の点をＱとし，$F'P$ の延長上に $PF=PR$ となるように点Ｒをとる．

図９－１１－１

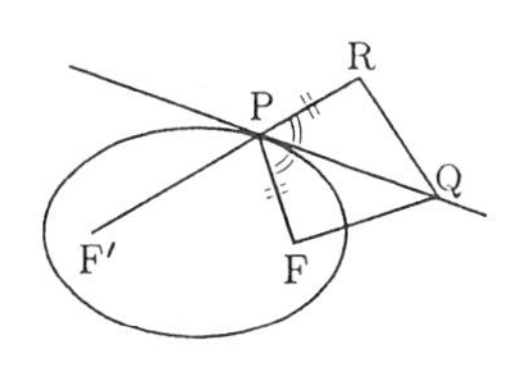

$\triangle PFQ \equiv \triangle PRQ$ より，$FQ=RQ$

$$\begin{aligned} QF+QF' &= QR+QF' \\ &> RF' = RP+PF' \\ &= PF+PF' \end{aligned}$$

$\therefore$　Ｑは楕円の外部

よって外角の二等分線と楕円の共有点はＰだけとなり，外角の二等分線が楕円の接線となることが示された．

多くの人が思い出したことと思います．

さて問題です．

問題９－11

点Ｐを中心として，半径が３，５，７の３つの同心円を考える．

３つの円周上に１つずつ頂点をもつ△ABCにおいて，周の長さが最大となる三角形は点Ｐを内心とすることを証明せよ．

図9－11－2

２点 B, C を固定して A を動かすことを考えます.

BC 一定より，$AB+AC$ の値が問題になります.

そこで，２点 B, C を焦点として点 A を通る楕円がクローズアップされます.

点 P を中心として半径３の円が点 A において楕円と交わるならば，円上の点で楕円の外部の点となる A′ がとれます．A′ に関して，

$A'B+A'C>AB+AC$ が成り立ちます.

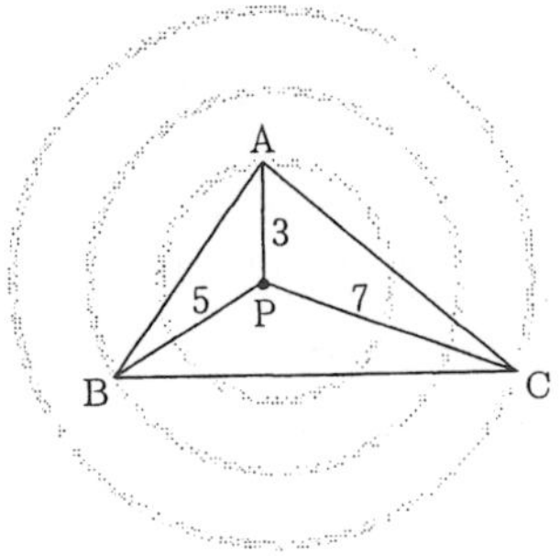

図9－11－3

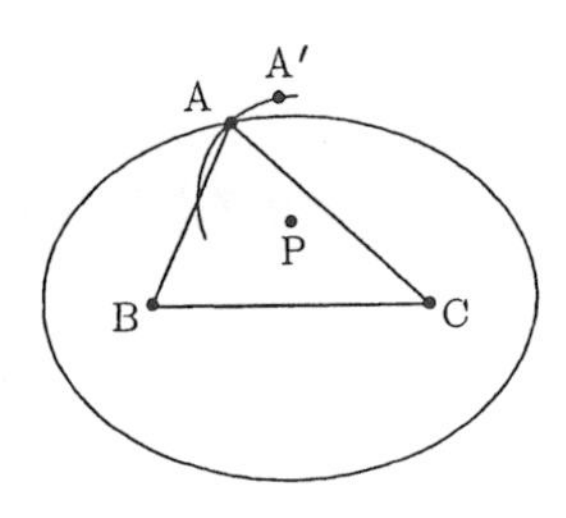

図9－11－4

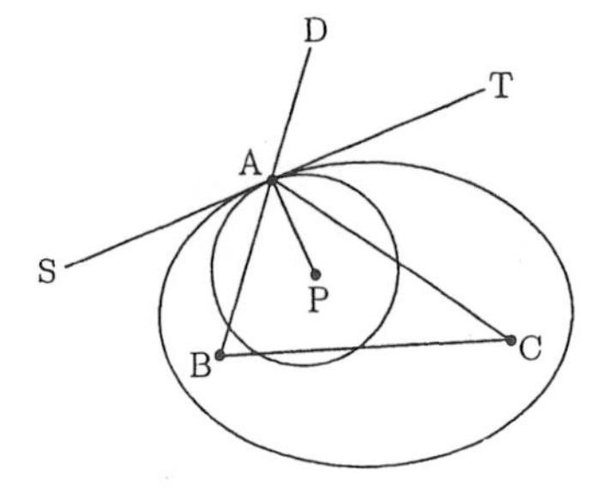

△ABC は周の長さが最大という仮定に反します.

したがって，円と楕円は点 A において接することがわかりました．即ち，点 A において共通接線 SAT をもつということです.

点 P は円の中心より $PA \perp SAT$

一方 SAT は楕円の接線より $\angle DAT=\angle CAT$

$\therefore \quad \angle BAP=\angle CAP$

よって∠A の二等分線上に点 P が存在することとなります.

同様にして，∠B, ∠C の二等分線上に点 P は存在しますから結局，P は△ABC の内心となります.

最後は逆関数に関する問題です．

問題9 －12

$$4\tan^{-1}\frac{1}{5}-\tan^{-1}\frac{1}{70}+\tan^{-1}\frac{1}{99}$$

の最小の正の値を求めよ．

逆関数の定義に基づき，α, β, γ を次のようにおきます．

$$\begin{cases}\tan^{-1}\dfrac{1}{5}=\alpha \iff \tan\alpha=\dfrac{1}{5}\\ \tan^{-1}\dfrac{1}{70}=\beta \iff \tan\beta=\dfrac{1}{70}\\ \tan^{-1}\dfrac{1}{99}=\gamma \iff \tan\gamma=\dfrac{1}{99}\end{cases}$$

$4\alpha-\beta+\gamma$ の値を求めるということです．当然，$\tan(4\alpha-\beta+\gamma)$ の値を考えることとなります．その計算は，一例として次のようになります．

$$\begin{aligned}\tan(4\alpha-\beta+\gamma)&=\tan\{(4\alpha-\beta)+\gamma\}\\ &=\frac{\tan(4\alpha-\beta)+\tan\gamma}{1-\tan(4\alpha-\beta)\tan\gamma}\end{aligned}$$

$$\tan 2\alpha=\frac{2\tan\alpha}{1-\tan^2\alpha}=\frac{5}{12}$$

$$\tan 4\alpha=\frac{2\tan 2\alpha}{1-\tan^2 2\alpha}=\frac{2\cdot5\cdot12}{12^2-5^2}=\frac{2\cdot5\cdot12}{17\cdot7}$$

$$\tan(4\alpha-\beta)=\frac{\tan 4\alpha-\tan\beta}{1+\tan 4\alpha\tan\beta}=\frac{2\cdot5\cdot12\cdot70-17\cdot7}{17\cdot7\cdot70+2\cdot5\cdot12}=\frac{1183\cdot7}{8450}$$

$$\therefore\quad \tan(4\alpha-\beta+\gamma)=\frac{1183\cdot7\cdot99+8450}{8450\cdot99-1183\cdot7}=\frac{828269}{828269}=1$$

よって求める値は $\frac{\pi}{4}$ となります．

第１０章　式を作る

問題文を具体化すべく，等式，不等式等々をたてて，それらを前にしていろいろと考えるということです．

問題 10－1

３つの自然数があり，どの２つの積も残りの自然数でわると余りが１となる．このような自然数の組を求めよ．

ある学生を被験者として，この問題への取り組み方をビデオテープに納めたものを，読者向けに少々手を加えて以下に再現してみます．

（一学生の解法）

数式で表現しないと数学的に処理できない．

３数を a, b, c とすると，$x, y, z \in \mathbb{N}$ で，

$$\begin{cases} ab = cx + 1 & \cdots ① \\ bc = ay + 1 & \cdots ② \\ ca = bz + 1 & \end{cases}$$

辺々をひいて邪魔な１をなくして約数の考えを利用してみよう．

①―②より，

$$ab - bc = cx - ay$$

$$a(b + y) = c(x + b)$$

これはどうもうまくいきそうにない．

辺々をかけ算してみよう．

$$a^2b^2c^2 = (cx + 1)(ay + 1)(bz + 1)$$

右辺は展開すると勝手に導入したよくわからない x, y, z が沢山出てきて処理できそうにもない．かけ算もダメだな．

では３つの式をどう処理したらよいのだろう．そもそも，出発点がよくなかったか．

待てよ．

$$\begin{cases} ab-1=cx \\ bc-1=ay \\ ca-1=bz \end{cases}$$

としてかけ算すれば x, y, z の項が前と異なり，増えなくて済む．やってみる価値がありそうだな．

$$(ab-1)(bc-1)(ca-1)=abcxyz$$

$$\text{左辺}=a^2b^2c^2-abc(a+b+c)+ab+bc+ca-1$$

左右両辺とも abc の倍数だから，

$$ab+bc+ca-1=abck,\quad k\in\mathbb{N}$$

これは解決に近づいた気がする．

あとはどうしたらよいだろう．

$ab+bc+ca=abck+1$ かな．

ダメそうだ．

そうか，abc でわってみよう．

$$\frac{1}{c}+\frac{1}{a}+\frac{1}{b}-\frac{1}{abc}=k\in\mathbb{N}\quad\cdots③$$

$a<b<c\iff\dfrac{1}{a}>\dfrac{1}{b}>\dfrac{1}{c}$ とすると，③の左辺を評価して，

$$\frac{3}{c}-\frac{1}{a^3}<\frac{3}{a}-\frac{1}{c^3}$$

$$\iff 3\left(\frac{1}{c}-\frac{1}{a}\right)<\frac{1}{a^3}-\frac{1}{c^3}$$

あれ，うまくいかないなあ．

解答に一歩近づいているはずなんだがなあ．

$$\frac{1}{c}+\frac{1}{a}+\frac{1}{b}-\frac{1}{abc}\in\mathbb{N}\quad\cdots④$$

と $\mathbb{N}$ のままだからかな．

左辺をもう少し評価してみよう．

$a,\ b,\ c \geqq 2$ だから，

$$\frac{1}{a}+\frac{1}{b}+\frac{1}{c} \leqq \frac{3}{2}$$

ああそうか．④の左辺＝1なんだ．

$$\frac{1}{a}+\frac{1}{b}+\frac{1}{c}-\frac{1}{abc}=1 \quad \cdots⑤$$

$a<b<c \Longleftrightarrow \frac{1}{a}>\frac{1}{b}>\frac{1}{c}$ とすると

$$\frac{3}{a}>\frac{1}{a}+\frac{1}{b}+\frac{1}{c}>1$$

$$\therefore \quad a=2$$

⑤に代入して

$$\frac{1}{b}+\frac{1}{c}-\frac{1}{2bc}=\frac{1}{2}$$

$a=2$ より $b>3$ とすると，$c>b \geqq 4$

すると，$\frac{1}{b}+\frac{1}{c}>\frac{1}{2}$ に矛盾．

$$\therefore \quad b=3$$

上式に代入して，$\frac{1}{c}-\frac{1}{6c}=\frac{1}{6}$

$$\therefore \quad c=5$$

この3数は題意をみたすから，求める答は，(2, 3, 5)

以上，一学生の問題10－1に対するプロトコールを再現したのは，式を作るならば，それらをもとにして，過去の経験，知識を活用すべくいろいろ考えることができるのだということを示すためにです．

もちろん，以上の解決過程をふり返ることにより，あるいはまた数の問題への直観が優れた人は，次のようなよく見かける小気味のよい答案となります．

（問題10－1の答）

3数を $a,\ b,\ c(a<b<c)$ とおく．

$a\,|\,bc-1,\ b\,|\,ac-1,\ c\,|\,ab-1$ より，

$abc\,|\,(bc-1)(ac-1)(ab-1)$

よって，$abc \mid bc+ca+ab-1$

$\therefore \quad bc+ca+ab-1 \geqq abc \quad \cdots①$

$3bc > bc+ca+ab-1$ より，$3 > a$

$\therefore \quad a=2$

①に代入して，

$$2(b+c)-1 \geqq bc$$

$4c > 2(b+c)-1$ より，$4 > b$

$\therefore \quad b=3$

$\therefore \quad c=5$

以上より，(2, 3, 5)

問題 10－2

下の 10 個の箱の中に次の（条件）をみたすように，0 から 9 までの数字を入れて 10 桁の数を作れ.

（条件）番号 i の箱の数字は 10 桁の数の中の i の出現回数を表すものとする.

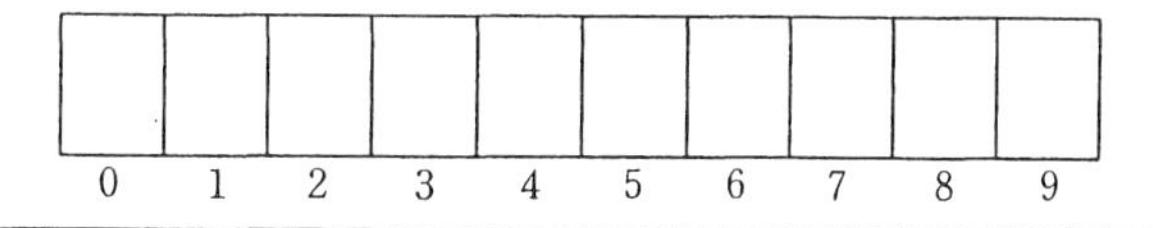

番号 i の箱の数字を a_i $(0 \leqq i \leqq 9)$ とおいて式を作ることを考えます．条件より次の二式が成立します.

$$\begin{cases} a_0+a_1+a_2+\cdots+a_9=10 & \cdots① \\ 0\cdot a_0+1\cdot a_1+2a_2+\cdots+9a_9=a_0+a_1+a_2+\cdots+a_9 & \cdots② \end{cases}$$

②より，

$$a_0=a_2+2a_3+3a_4+\cdots+7a_8+8a_9 \quad \cdots③$$

10 桁の数より $a_0 \neq 0$

次に $a_0 \neq 1$

$\because \quad a_0=1$ とすると，③より

$$a_3 = a_4 = \cdots = a_9 = 0$$

（条件）より $a_0 \geqq 7$　矛盾

$$\therefore \quad a_0 \neq 1$$

同様にして，$a_0 \neq 2,\ 3$

$\therefore \quad a_0 = m \geqq 4$

（条件）より $a_m \geqq 1$

③より $a_m = 1,\ a_n = 0,\ 3 \leqq n \leqq 9,\ n \neq m$,

かつ $a_2 = 1$ （$\because \ a_0 = m,\ (m-1)a_m = m-1$）

（条件）より $a_1 = 2$

①に代入して，

$$m + 2 + 1 + 0 + 0 + \cdots + 1 + 0 + \cdots + 0 = 10$$

$$\therefore \quad m = 6$$

よって10桁の数は，6210001000

問題 10－3

任意の自然数 n に対して，

$$\frac{21n + 4}{14n + 3}$$

は既約分数となることを示せ．

$21n + 4$ と $14n + 3$ の最大公約数が1となることを示せばよいわけです．

このことを式で表現すると，

$$s(21n + 4) + t(14n + 3) = 1 \quad \cdots ①$$

をみたす整数 s, t が存在することを示せばよいこととなります．

$$① \Longleftrightarrow 7n(3s + 2t) + 4s + 3t = 1$$

$$\begin{cases} 3s + 2t = 0 \\ 4s + 3t = 1 \end{cases} \quad \text{より,}$$

$s = -2,\ t = 3$ が①をみたすことを知り，解決できました．

問題 10－4

n^2+2 が $2n+1$ の倍数になる自然数 n を求めよ.

式を作るため, $m \in \mathbb{N}$ として

$$n^2+2=m(2n+1) \quad \cdots①$$

とおきます.

この式のままでは考えが先に進みません. $\dfrac{n^2+2}{2n+1}=m \in \mathbb{N}$ より, n^2+2 を $2n+1$ で実際にわってみます.

$$n^2+2=(2n+1)\left(\frac{1}{2}n-\frac{1}{4}\right)+\frac{9}{4} \quad \cdots②$$

となります.

①, ②より

$$m(2n+1)=(2n+1)\left(\frac{1}{2}n-\frac{1}{4}\right)+\frac{9}{4}$$

$$\Longleftrightarrow (2n+1)\left(m-\frac{1}{2}n+\frac{1}{4}\right)=\frac{9}{4} \cdots\cdots③$$

ここまでくれば類似の整数問題を解いた経験があるはずです.

③より $(2n+1)(4m-2n+1)=9$

$n,\ m \in \mathbb{N}$ より,

$$\begin{cases} 2n+1=3 \\ 4m-2n+1=3 \end{cases} \Longleftrightarrow \begin{cases} n=1 \\ m=1 \end{cases}$$

または,

$$\begin{cases} 2n+1=9 \\ 4m-2n+1=1 \end{cases} \Longleftrightarrow \begin{cases} n=4 \\ m=2 \end{cases}$$

よって $n=1,\ 4$

問題 10－5

2次方程式, $ax^2+bx+c=0$ と $px^2+qx+r=0$ が共通解をもつならば,

$$(ar-cp)^2=(aq-bp)(br-cq) \quad \cdots(*)$$

が成り立つことを証明せよ.

$x=0$ を共通解にもつとき，$c=r=0$ となるので，結論の式(∗)は成り立ちます．

$x \fallingdotseq 0$ を共通解にもつならば，方程式系，

$$\begin{cases} ax^3+bx^2+cx \qquad =0 \\ \qquad ax^2+bx+c=0 \\ px^3+qx^2+rx \qquad =0 \\ \qquad px^2+qx+r=0 \end{cases}$$

は自明でない解をもつこととなります．

$$\therefore \quad \begin{vmatrix} a & b & c & 0 \\ 0 & a & b & c \\ p & q & r & 0 \\ 0 & p & q & r \end{vmatrix} = 0$$

また，

$$\begin{vmatrix} a & b & c & 0 \\ 0 & a & b & c \\ p & q & r & 0 \\ 0 & p & q & r \end{vmatrix} = a\begin{vmatrix} a & b & c \\ q & r & 0 \\ p & q & r \end{vmatrix} + p\begin{vmatrix} b & c & 0 \\ a & b & c \\ p & q & r \end{vmatrix}$$

$$= a(ar^2+cq^2-bqr-cpr)+p(b^2r+c^2p-acr-bcq)$$

$$= (ar-cp)^2-(aq-bp)(br-cq)$$

よって結論の式(∗)が成立することがわかります．

参考までに，この方法を $f(x)=ax^2+bx+c=0$ が重解をもつ場合，即ち $f(x)=0$ と $f'(x)=2ax+b=0$ が共通解をもつ場合に適用すると次のようになります．

$$0=\begin{vmatrix} a & b & c & 0 \\ 0 & a & b & c \\ 0 & 2a & b & 0 \\ 0 & 0 & 2a & b \end{vmatrix} = -a^2(b^2-4ac)$$

見慣れたところの，判別式；$D=b^2-4ac=0$ が現れます．

問題 10－6

正三角形 ABC の辺 AB 上に任意の点 M をとり，M を通って AC に平行な直線をひいて BC との交点を N とする．△BMN の重心を D，AN の中点を E とする．△CDE の三つの内角の大きさを求めよ．

「式を作る」ことと密接なテーマとして解析幾何を挙げることができます．

その方針で問題 10－6 を解くことを考えます．

そこで図 10－6 のように座標を設定します．

あとは式を作って計算する作業が残るだけです．

図 10－6 を書きますと $\angle E = 90^\circ$ のように思えてきます．ここを解決への突破口とします．

ベクトルを利用して計算してみます．

$\overline{DE} = \left(\dfrac{a}{2},\ \dfrac{\sqrt{3}a}{2} - \dfrac{b}{\sqrt{3}}\right)$,

$\overline{CE} = \left(b - \dfrac{3}{2}a,\ \dfrac{\sqrt{3}a}{2}\right)$ より，

$$\overline{DE}\cdot\overline{CE} = \left(\frac{ab}{2} - \frac{3}{4}a^2\right) + \left(\frac{3}{4}a^2 - \frac{ab}{2}\right) = 0$$

確かに $\angle E = 90^\circ$ と求まりました．

図10－6

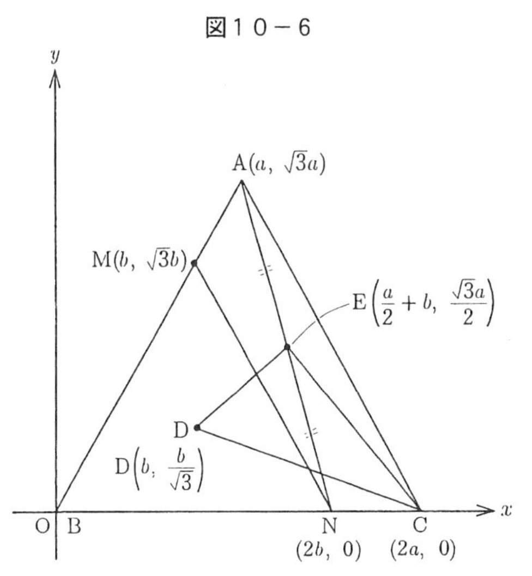

$\angle D$ も同様の方針で求めてみます．

$$\overline{DC} = \left(2a - b,\ -\frac{b}{\sqrt{3}}\right)$$

$$\cos D = \frac{\overline{DE}\cdot\overline{DC}}{|\overline{DE}|\,|\overline{DC}|} = \frac{\left(a^2 - \dfrac{ab}{2}\right) + \left(-\dfrac{ab}{2} + \dfrac{b^2}{3}\right)}{\sqrt{\left(\dfrac{a}{2}\right)^2 + \left(\dfrac{\sqrt{3}}{2}a - \dfrac{b}{\sqrt{3}}\right)^2}\sqrt{(2a-b)^2 + \left(-\dfrac{b}{\sqrt{3}}\right)^2}}$$

$$=\frac{a^2-ab+\dfrac{b^2}{3}}{\sqrt{a^2-ab+\dfrac{b^2}{3}}\sqrt{4\left(a^2-ab+\dfrac{b^2}{3}\right)}}$$

$$=\frac{1}{2}$$

$\therefore\quad \angle\mathrm{D}=60^\circ$

$\therefore\quad \angle\mathrm{C}=30^\circ$

よって内角の大きさが決定できました.

問題 10－7

△ABC の重心を G，この平面内の任意の点を P とすると，

$$\mathrm{PA}^2+\mathrm{PB}^2+\mathrm{PC}^2=\mathrm{AG}^2+\mathrm{BG}^2+\mathrm{CG}^2+3\mathrm{PG}^2$$

が成立することを証明せよ.

計算の煩雑さを取り除くため座標の設定の仕方に工夫がいる場合が多いことも事実です.

問題 10－7 では証明すべき式に G が多く登場しますから，重心 G を原点とし，3 頂点の座標を $\mathrm{A}(x_1,\ y_1)$，$\mathrm{B}(x_2,\ y_2)$，$\mathrm{C}(x_3,\ y_3)$ とおきます. すると次の関係式が成立します.

$$\frac{x_1+x_2+x_3}{3}=\frac{y_1+y_2+y_3}{3}=0$$

$\mathrm{P}(x,\ y)$ とおくと，

$$\begin{aligned}&\mathrm{PA}^2+\mathrm{PB}^2+\mathrm{PC}^2\\&=\{(x-x_1)^2+(y-y_1)^2\}+\{(x-x_2)^2+(y-y_2)^2\}+\{(x-x_3)^2+(y-y_3)^2\}\\&=3(x^2+y^2)-2(x_1+x_2+x_3)x-2(y_1+y_2+y_3)y+(x_1^2+y_1^2)\\&\qquad\qquad+(x_2^2+y_2^2)+(x_3^2+y_3^2)\\&=(x_1^2+y_1^2)+(x_2^2+y_2^2)+(x_3^2+y_3^2)+3(x^2+y^2)\\&=\mathrm{AG}^2+\mathrm{BG}^2+\mathrm{CG}^2+3\mathrm{PG}^2\end{aligned}$$

となり簡潔に証明できます.

最後に漸化式を作る問題を取り上げていくこととします．

問題 10－8

濃度 a%の食塩水6 kgが入っている容器 A と，濃度 b%の食塩水4 kgが入っている容器 B がある．A より1 kgの食塩水をとってそれを B にうつし，よくまぜ合わせた後に同量を A に戻すものとする．この操作を n 回くり返したときの A, B の食塩水の濃度をそれぞれ求めよ．

それぞれの濃度を a_n %，b_n %とおき，a_n，b_n についての漸化式を作り，その漸化式を解くことによって a_n，b_n を求めるという方針になります．

図10－8

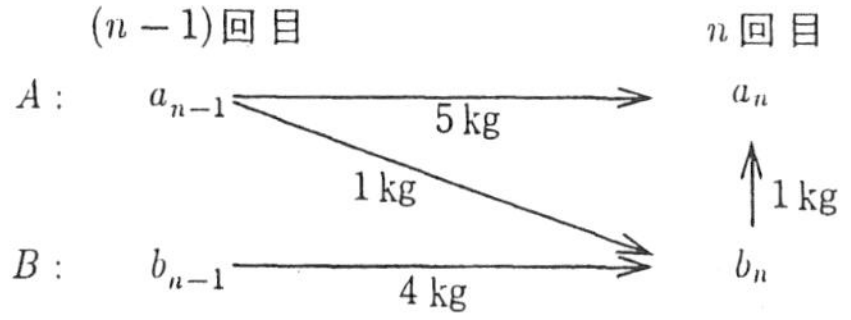

$(n-1)$回目　　n回目

A:　a_{n-1} →(5 kg)→ a_n

a_{n-1} →(1 kg)→ b_n，b_n →(1 kg)→ a_n

B:　b_{n-1} →(4 kg)→ b_n

図10－8より，

$$b_n = \frac{4b_{n-1} + a_{n-1}}{4+1} = \frac{1}{5}a_{n-1} + \frac{4}{5}b_{n-1}$$

$$a_n = \frac{5a_{n-1} + b_n}{5+1} = \frac{5}{6}a_{n-1} + \frac{1}{6}b_n = \frac{5}{6}a_{n-1} + \frac{1}{6}\left(\frac{1}{5}a_{n-1} + \frac{4}{5}b_{n-1}\right)$$

$$= \frac{13}{15}a_{n-1} + \frac{2}{15}b_{n-1}$$

$\therefore$　$a_0 = a,\ \ b_0 = b$

$$\begin{cases} a_n = \dfrac{13}{15}a_{n-1} + \dfrac{2}{15}b_{n-1} & \cdots ① \\ b_n = \dfrac{1}{5}a_{n-1} + \dfrac{4}{5}b_{n-1} & \cdots ② \end{cases}$$

結局，①，②の連立漸化式を解く問題へと再形式化されました．

連立漸化式の解き方はいくつかあります．例えば，

$$\begin{pmatrix} a_n \\ b_n \end{pmatrix} = \begin{pmatrix} \dfrac{13}{15} & \dfrac{2}{15} \\ \dfrac{1}{5} & \dfrac{4}{5} \end{pmatrix} \begin{pmatrix} a_{n-1} \\ b_{n-1} \end{pmatrix} = A\begin{pmatrix} a_{n-1} \\ b_{n-1} \end{pmatrix}$$

とおいて，A^n を求める方法，あるいはこの問題では数列 $\{b_n - a_n\}$ を考える方法も有効です．

ここでは基本的解法である，a_n の三項間漸化式を作り，それを解くこととします．

①より，$b_{n-1} = \dfrac{15}{2}a_n - \dfrac{13}{2}a_{n-1}$

②に代入して，

$$\frac{15}{2}a_{n+1} - \frac{13}{2}a_n = \frac{1}{5}a_{n-1} + \frac{4}{5}\left(\frac{15}{2}a_n - \frac{13}{2}a_{n-1}\right)$$

$$\therefore \quad a_{n+1} = \frac{5}{3}a_n - \frac{2}{3}a_{n-1}$$

$$\Longleftrightarrow \begin{cases} a_{n+1} - \dfrac{2}{3}a_n = a_n - \dfrac{2}{3}a_{n-1} & \cdots ③ \\ a_{n+1} - a_n = \dfrac{2}{3}(a_n - a_{n-1}) & \cdots ④ \end{cases}$$

①より $a_1 = \dfrac{13}{15}a + \dfrac{2}{15}b$

③，④より

$$a_{n+1} - \frac{2}{3}a_n = a_1 - \frac{2}{3}a_0 = \frac{3}{15}a + \frac{2}{15}b \cdots ③'$$

$$a_{n+1} - a_n = \left(\frac{2}{3}\right)^n (a_1 - a_0) = -\frac{2}{15}\left(\frac{2}{3}\right)^n (a - b) \cdots ④'$$

(③′ − ④′)×3 より

$$a_n = \frac{3a + 2b}{5} + \frac{2}{5}\left(\frac{2}{3}\right)^n (a - b)$$

①より $b_n = \dfrac{15}{2}a_{n+1} - \dfrac{13}{2}a_n$

これに代入して，

$$b_n = \frac{3a + 2b}{5} - \frac{3}{5}\left(\frac{2}{3}\right)^n (a - b)$$

「最後の一手」を考えることにより，図 10－8 のような図を書いて連立漸化式をたてるところがこの問題におけるポイントでした．

問題 10－9

銅貨を投げ，表が出れば1円もらい，裏が出れば1円払うゲームがある．ただし表の出る確率を$\alpha\,(0<\alpha<1)$とする．このようなゲームを所持金がなくなるか，目標額（c円とする）が達成されるまで続ける．所持金がn円のとき所持金がなくなる確率をP_nで表す$(n=0,\ 1,\ 2,\ \cdots,\ c-1)$．したがって$P_0=1,\ P_c=0$である．

P_nを$n,\ c,\ d$を用いて表せ．

「破産問題」と呼ばれる問題です．

所持金がなくなる場合をすべて網羅して，その確率計算に規則性を見出そうとしても無限の場合分けがあり，うまくいきません．有限回の操作に変えるべく，漸化式を作る必要があります．

漸化式を作る場合，先の問題 10－8のように，「最後の一手」によって漸化式を作る場合が多いです．（図 10－8参照.）しかしこの問題10－9のように，「最初の一手」を考えて漸化式を作る場合もあります．

図 10－9より，

図10－9

n円 $\xrightarrow{\alpha}$ $(n+1)$円 $\xrightarrow{P_{n+1}}$ 0円

n円 $\xrightarrow{1-\alpha}$ $(n-1)$円 $\xrightarrow{P_{n-1}}$ 0円

$$P_n=\alpha P_{n+1}+(1-\alpha)P_{n-1}$$

$$\Longleftrightarrow P_{n+1}=\frac{1}{\alpha}P_n-\frac{1-\alpha}{\alpha}P_{n-1}\quad\cdots①$$

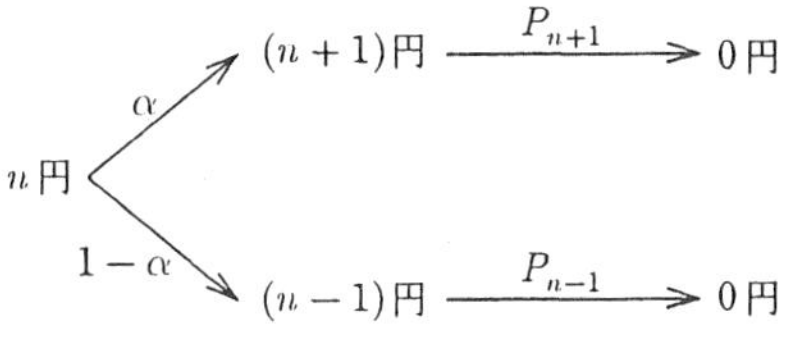

$$①\Longleftrightarrow\begin{cases}P_{n+1}-P_n=\dfrac{1-\alpha}{\alpha}(P_n-P_{n-1})\\[2mm] P_{n+1}-\dfrac{1-\alpha}{\alpha}P_n=P_n-\dfrac{1-\alpha}{\alpha}P_{n-1}\end{cases}$$

$$\therefore\quad\begin{cases}P_{n+1}-P_n=\left(\dfrac{1-\alpha}{\alpha}\right)^n(P_1-P_0)\quad\cdots②\\[2mm] P_{n+1}-\dfrac{1-\alpha}{\alpha}P_n=P_1-\dfrac{1-\alpha}{\alpha}P_0\quad\cdots③\end{cases}$$

②－③より，

$$\frac{1-2\alpha}{\alpha}P_n=\left(\frac{1-\alpha}{\alpha}\right)^n(P_1-P_0)-\left(P_1-\frac{1-\alpha}{\alpha}P_0\right)\quad\cdots④$$

（イ）$\alpha=\dfrac{1}{2}$のとき，

③$\Longleftrightarrow P_{n+1}-P_n=P_1-P_0$より

$$P_n = P_0 + n(P_1 - P_0) = 1 + n(P_1 - 1)$$

$n = c$ とおき，$0 = 1 + c(P_1 - 1)$　$\therefore$　$P_1 = \dfrac{c-1}{c}$

よって $P_n = 1 - \dfrac{n}{c}$

（ロ）$\alpha \neq \dfrac{1}{2}$ のとき

④で $n = c$ とおき，$P_1 = \dfrac{(1-\alpha)^c - (1-\alpha)\alpha^{c-1}}{(1-\alpha)^c - \alpha^c}$

④に代入して計算すると，

$$P_n = \frac{\alpha^c}{\alpha^c - (1-\alpha)^c}\left(\frac{1-\alpha}{\alpha}\right)^n - \frac{(1-\alpha)^c}{\alpha^c - (1-\alpha)^c}$$

参考までに，もう少し具体的な破産問題をのせておくこととします．

問題 10—10

甲は 3 個の碁石を，乙は 2 個の碁石をもっている．ジャンケンで勝ったものは負けたものから 1 個の碁石をもらうことにする．甲または乙の手もとに碁石がなくなるまで続けるとして，甲が 5 個の碁石を獲得する確率を求めよ．

甲が碁石を k 個 $(1 \leqq k \leqq 4)$ もっている状態から，5 個の碁石をもつようになる確率を P_k とおくと，

$$P_0 = 0,\ P_5 = 1$$

問題 10－9 で解説したように，「最初の一手」によって場合分けすると次の図となります．

図１０－１０

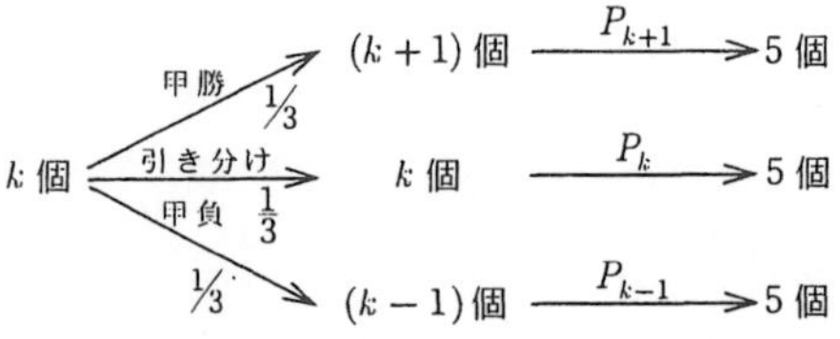

k 個 →（甲勝 $\frac{1}{3}$）→ $(k+1)$ 個 —P_{k+1}→ 5 個

k 個 →（引き分け 甲負 $\frac{1}{3}$）→ k 個 —P_k→ 5 個

k 個 →（$\frac{1}{3}$）→ $(k-1)$ 個 —P_{k-1}→ 5 個

図 10—10 より，

$$P_k = \frac{1}{3}(P_{k+1} + P_k + P_{k-1})$$

$$\iff P_{k+1} = 2P_k - P_{k-1}$$

$$\iff P_{k+1} - P_k = P_k - P_{k-1}$$

$\therefore$　$P_5 - P_4 = P_4 - P_3 = P_3 - P_2 = P_2 - P_1 = P_1 - P_0$

$P_2 = 2P_1,\ P_3 = 3P_1,\ P_4 = 4P_1,\ P_5 = 5P_1$ より，$P_1 = \dfrac{1}{5}$

よって $P_3 = 3P_1 = \dfrac{3}{5}$

問題 10—11

1から n までの番号のついている箱と球があって，1つの箱に1個の球を入れていくものとする．

箱の番号と球の番号がすべて異なる確率を P_n とおく．

$$\lim_{n\to\infty} P_n$$

を求めよ．

箱の番号と球の番号がすべて異なる入れ方(完全順列)の総数を a_n とおくと，

$$\lim_{n\to\infty} P_n = \lim_{n\to\infty} \frac{a_n}{n\,!}$$

が成り立ちます．

a_n を求めることとなります．

完全順列の漸化式は次の通りです．

箱1には，球1以外のどれかがくるから $(n-1)$ 通り．箱1に球 k が入っていると考える．球1は箱 l に入っているものとして，球 k と球1を交換する．

2番目からは2, 3, …, n の順列となり，

$k = l$ の場合は完全順列となるので a_{n-1} 通り

$k = l$ の場合は1と k とで箱と球の番号が一致し，他が一致しないから $(n-2)$ 個の完全順列で a_{n-2} 通り．

$$\therefore \quad a_n = (n-1)(a_{n-1} + a_{n-2}) \quad \cdots ①$$

以下 a_n を求めることとなります．

$$① \Longleftrightarrow a_n - n\,a_{n-1} = -\{a_{n-1} - (n-1)\,a_{n-2}\}$$

$$= \cdots = (-1)^{n-2}(a_2 - a_1)$$

$a_2 = 1,\ a_1 = 0$ より

$$a_n - n\,a_{n-1} = (-1)^{n-2} = (-1)^n$$

両辺を $n\,!$ でわり，

$$\frac{a_n}{n\,!} - \frac{a_{n-1}}{(n-1)\,!} = \frac{(-1)^n}{n\,!}$$

$$\sum_{k=2}^{n} \left\{ \frac{a_k}{k\,!} - \frac{a_{k-1}}{(k-1)\,!} \right\} = \sum_{k=2}^{n} \frac{(-1)^k}{k\,!},\quad a_1 = 0 \text{ より，}$$

$$\frac{a_n}{n\,!}=\sum_{k=2}^{n}\frac{(-1)^k}{k\,!}=\sum_{k=0}^{n}\frac{(-1)^k}{k\,!}$$

よって$P_n=\dfrac{a_n}{n\,!}=\displaystyle\sum_{k=0}^{n}\frac{(-1)^k}{k\,!}\xrightarrow[(n\to\infty)]{}e^{-1}$　となります.

第11章　間接証明

中学校時代に学習した，$\sqrt{2}$ が無理数であることの証明という例から理解できるように，重要かつ避けて通ることのできない証明法です．またこの本でも，いくつかの例題で既に利用してきたところです．

間接証明として，背理法，対偶による証明，同一法，転換法をあげることができます．中等教育では特に前二者が利用されます．

生徒と異なり，読者の皆さんにはこの証明法，ストラテジーの重要性を強調する必要はないと思います．

以下では参考となる問題を取り上げることとします．

問題 11－1

$\triangle$ABC において，$BC = a$, $CA = b$, $AB = c$ とする．AB, AC 上に点 D, E を∠C, ∠B を 2 等分するようにとる．

BE = CD ならば AB = AC

が成立することを示せ．

問題１－３で取り上げた，レームス・シュタイナー問題です．ここでは間接証明を利用した証明を紹介します．

図 11－1 のように，$BE = x$, $CD = y$, $\angle B = 2\beta$, $\angle C = 2\gamma$ とおきます．

$$x = y \Longrightarrow b = c$$

を示せばよいわけです．

そのために，次の(１)，(２)の関係式を用意します．

図11－1

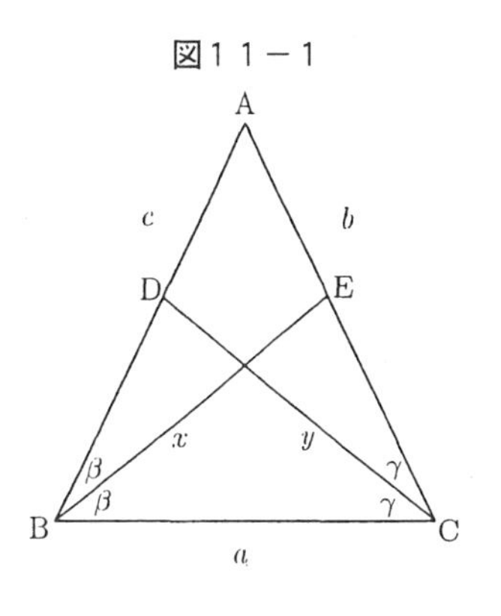

角の二等分線の長さを求めるのに利用する解決法である，

$$\triangle \mathrm{ABC} = \triangle \mathrm{ABE} + \triangle \mathrm{EBC}$$

に注目して，sin 面積の公式を適用します．

$$\frac{1}{2} ac \sin 2\beta = \frac{1}{2} cx \sin \beta + \frac{1}{2} ax \sin \beta$$

$\sin 2\beta = 2 \sin \beta \cos \beta$ より，

$$2ac \cos \beta = cx + ax$$

$$\therefore \quad \cos \beta = \frac{x}{2}\left(\frac{1}{a} + \frac{1}{c}\right) \quad \cdots (1)$$

同様にして，

$$\cos \gamma = \frac{y}{2}\left(\frac{1}{a} + \frac{1}{b}\right) \quad \cdots (2)$$

さて，背理法を利用して，結論 $b = c$ を否定します．

$b > c$ とすると，$\angle \mathrm{B} > \angle \mathrm{C}$ より $\beta > \gamma$ となります．

$$\therefore \quad \cos \beta < \cos \gamma$$

(1)，(2)より，$\frac{x}{2}\left(\frac{1}{a} + \frac{1}{c}\right) < \frac{y}{2}\left(\frac{1}{a} + \frac{1}{b}\right)$

$x = y$ より，$\frac{1}{c} < \frac{1}{b}$ の関係が導かれて，$b > c$ に矛盾します．

$b < c$ と仮定しても，同様に矛盾が生じます．

よって $b = c$ が示されました．

問題 11－2

e は無理数であることを証明せよ．

$\sqrt{2}$ が無理数であることの証明と同様のやり方で出発します．即ち，e を有理数と仮定して，

$$e = \frac{l}{k}, \quad k, l \in \mathbb{N}$$

とおきます．

ここで $k \neq 1$ です．なぜならば，

$e = 1 + \frac{1}{1!} + \frac{1}{2!} + \frac{1}{3!} + \frac{1}{4!} + \cdots$ より，

$$
\begin{aligned}
2 < e &< 2 + \frac{1}{2\,!}\left(1 + \frac{1}{3} + \frac{1}{3^2} + \cdots\right) \\
&= 2 + \frac{1}{2} \cdot \frac{3}{2} \\
&< 3
\end{aligned}
$$

が成り立つからです．

$$
e = 1 + \frac{1}{1\,!} + \frac{1}{2\,!} + \cdots + \frac{1}{k\,!} + \left[\frac{1}{(k+1)\,!} + \frac{1}{(k+2)\,!} + \cdots\right]
$$

の両辺を$k\,!$倍して，背理法の仮定を利用すると，

$$
k\,!\left(\frac{l}{k} - 1 - \frac{1}{1\,!} - \frac{1}{2\,!} - \cdots - \frac{1}{k\,!}\right) = \frac{1}{k+1} + \frac{1}{(k+1)(k+2)} + \cdots
$$

右辺が正より，左辺は正の整数です．一方，

$$
\begin{aligned}
\text{右辺} &= \frac{1}{k+1} + \frac{1}{(k+1)(k+2)} + \frac{1}{(k+1)(k+2)(k+3)} + \cdots \\
&< \frac{1}{k+1}\left\{1 + \frac{1}{k+1} + \frac{1}{(k+1)^2} + \cdots\right\} \\
&= \frac{1}{k+1}\left(\frac{1}{1 - \dfrac{1}{k+1}}\right) \\
&= \frac{1}{k} < 1 \quad (\because \ k \geqq 1)
\end{aligned}
$$

となり矛盾が生じます．

よってeは無理数であることが示されました．

問題 11－3

α, βは共に正の無理数で，$\dfrac{1}{\alpha} + \dfrac{1}{\beta} = 1$を満たすとする．

$P = \{[n\alpha] \mid n \in \mathrm{N}\}$，$Q = \{[m\beta] \mid m \in \mathrm{N}\}$とおく．ただし，N は自然数全体の集合であり，$[x]$は$x$を超えない最大の整数である．

（1） $P \cap Q = \phi$ であることを示せ．

（2） $P \cup Q = \mathrm{N}$ であることを示せ．

間接証明の格好の例題ということで，筆者の勤務校の模擬試験の問題を引用させて頂きました．

（1）大学の講義においてしばしば出てきたように，空集合の証明はそのほとんどが以下のような背理法となります．

$P\cap Q \neq \phi$ とすると，$P\cap Q \ni p\ (p\in\mathbb{Z})$ が存在

このとき，$n\alpha-1<p<n\alpha \quad \cdots ①$

$m\beta-1<p<m\beta \quad \cdots ②$

をみたす自然数 n, m が存在する（α, β は無理数より $p\neq n\alpha,\ m\beta$）

①，②より，$\begin{cases} n-\dfrac{1}{\alpha}<\dfrac{p}{\alpha}<n \\ m-\dfrac{1}{\beta}<\dfrac{p}{\beta}<m \end{cases}$

辺々たして，$(n+m)-\left(\dfrac{1}{\alpha}+\dfrac{1}{\beta}\right)<p\left(\dfrac{1}{\alpha}+\dfrac{1}{\beta}\right)<n+m$

$\therefore\quad (n+m)-1<p<n+m$

$(n+m)-1$ と $n+m$ は隣接する整数より，この間に整数 p は存在しない．よって矛盾

$\therefore\quad P\cap Q=\phi$

（2）「定義に戻り」，二つの集合の包含関係，$X\subseteqq Y$ の定義は，

「$X\ni {}^\forall p \implies p\in Y$」ということでした．

そこで $X=Y$ を証明するためには，$X\subseteqq Y$ かつ $X\supseteqq Y$ を示すこととなります．このこともまた，大学の講義において結構登場した証明法でした．

（2）に戻り，P と Q の定義より，$P\cup Q\subseteqq\mathbb{N}$ はほとんど明らかです．

$P\cup Q\not\ni 0$ だけをチェックすれば十分です．

いま $\alpha<\beta$ とすると，$1=\dfrac{1}{\alpha}+\dfrac{1}{\beta}<\dfrac{2}{\alpha} \quad \therefore\quad \alpha<2$

同様にして，$1>\dfrac{2}{\beta}$ より $2<\beta$

また $1=\dfrac{1}{\alpha}+\dfrac{1}{\beta}>\dfrac{1}{\alpha}$ より $1<\alpha$

$\therefore\quad 1<\alpha<2<\beta$

$\therefore\quad P\not\ni 0,\ Q\not\ni 0$ となり $P\cup Q\not\ni 0$

よって $P\cup Q\subseteqq\mathbb{N} \quad \cdots ①$

逆の包含関係，$P\cup Q\supseteqq\mathbb{N}$ の証明も背理法となります．

$P \cup Q \supsetneqq \mathbb{N}$ とすると，$q \in \mathbb{N}$, $q \notin P \cup Q$ となる q が存在し，$m, n \in \mathbb{N}$ に対して次式が成立します．

$$\begin{cases} (n-1)\alpha < q < q+1 < n\alpha \\ (m-1)\beta < q < q+1 < m\beta \end{cases}$$

$$\therefore \quad \begin{cases} n-1 < \dfrac{q}{\alpha} < \dfrac{q+1}{\alpha} < n \\ m-1 < \dfrac{q}{\beta} < \dfrac{q+1}{\beta} < m \end{cases}$$

辺々たして，$(n+m)-2 < q < q+1 < n+m$

2つの整数 $(n+m)-2$ と $n+m$ の間に2つの整数 q と $q+1$ が存在することとなり矛盾

$$\therefore \quad P \cup Q \supseteqq \mathbb{N} \quad \cdots②$$

①，②より $P \cup Q = \mathbb{N}$

問題 11－4

$a, b \in \mathbb{R}$ に対して，$f(x) = x^2 + ax + b$ とする．

$-1 \leqq x \leqq 1$ のとき，$\mathrm{Max}\,|f(x)| \geqq \dfrac{1}{2}$

を示せ．

図11－4

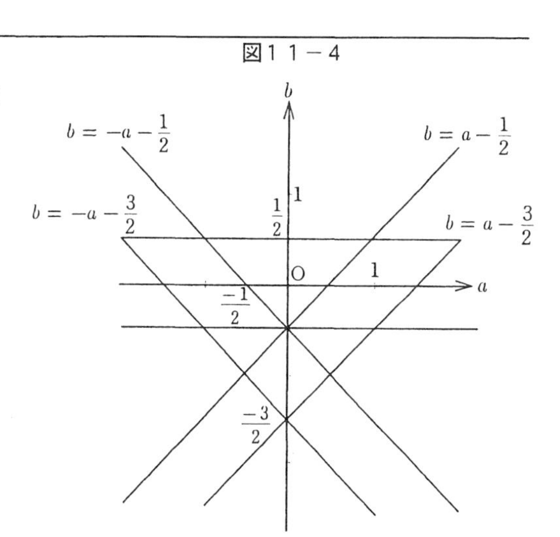

図を利用して直接証明を試みてもうまくいきません．

間接証明を利用して，

$$\mathrm{Max}\,|f(x)| < \frac{1}{2}$$

と仮定します．

「特別な場合を考えて」，

$$|f(0)|,\ |f(-1)|,\ |f(1)| < \frac{1}{2}$$

が成立することとなります．

各々を式で書きますと，

$$\frac{-1}{2} < b < \frac{1}{2}$$

$$\frac{-1}{2} < 1 + a + b < \frac{1}{2} \iff -a - \frac{3}{2} < b < -a - \frac{1}{2}$$

$$\frac{-1}{2} < 1 - a + b < \frac{1}{2} \iff a - \frac{3}{2} < b < a - \frac{1}{2}$$

以上の3式を同時にみたす a, b は図11－4より存在しません．矛盾が生じました．

よって $\mathrm{Max}\,|f(x)| \geqq \frac{1}{2}$ が成り立ちます．

問題 11－5

1 cmより長く，55 cmより短い10本の線分を考える．この10本の中から，三角形を作ることのできる3本の線分を選ぶことができることを証明せよ．

10本の線分の長さ a_i $(1 \leqq i \leqq 10)$ を次のように仮定します．

$1 < a_1 \leqq a_2 \leqq a_3 \leqq \cdots \leqq a_{10} < 55$

背理法に従い，三角形を作れないとします．

$$a_3 \geqq a_1 + a_2 > 2$$

$$a_4 \geqq a_2 + a_3 > 1 + 2 = 3$$

$$a_5 \geqq a_3 + a_4 > 2 + 3 = 5$$

以下同様にして，

$$a_6 \geqq a_4 + a_5 > 8$$

$$a_7 \geqq a_5 + a_6 > 13$$

$$a_8 \geqq a_6 + a_7 > 21$$

$$a_9 \geqq a_7 + a_8 > 34$$

$$\therefore \quad a_{10} \geqq a_8 + a_9 > 55$$

$a_{10} < 55$ と矛盾します．よって結論が証明されました．

問題 11－6

a, b は0でない実数とする．このとき，

$$\left|\frac{a+\sqrt{a^2+2b^2}}{2b}\right| < 1 \text{ または } \left|\frac{a-\sqrt{a^2+2b^2}}{2b}\right| < 1$$

が成立することを証明せよ．

問題2－5として一度，取り上げた問題です．

そこでは図を描いて，軸の位置によって丁寧に場合分けして解きました．

間接証明を利用すると次のように簡単に解決してしまいます．

$$\left|\frac{a+\sqrt{a^2+2b^2}}{2b}\right| \geqq 1 \text{ かつ } \left|\frac{a-\sqrt{a^2+2b^2}}{2b}\right| \geqq 1$$

と仮定．

辺々かけて，$\left|\left(\frac{a+\sqrt{a^2+2b^2}}{2b}\right)\left(\frac{a-\sqrt{a^2+2b^2}}{2b}\right)\right| \geqq 1$

すると，$\left|\frac{a^2-(a^2+2b^2)}{4b^2}\right| \geqq 1 \iff \left|\frac{1}{2}\right| \geqq 1$

となり矛盾．

よって結論が成立．

問題 11－7

初めの n 個の素数の和を S_n とおく．例えば，$S_1=2$, $S_2=2+3=5$, $S_3=2+3+5=10$ である．

任意の自然数 n に対して，S_n と S_{n+1} の間に平方数が存在することを証明せよ．

素数列，2，3，5，7，11，13，17…について，その n 番目の数が n のどういう関数となるかわかっていません．ということは，原題に答えることは困難ということになります．そこで「一般化」した次の問題を考えることにします．

問題 11－7－1

自然数列$\{a_n\}$は次の条件をみたしているものとする.

$$\begin{cases} a_1 = 2,\ a_2 = 3, \\ a_{n+1} - a_n \geqq 2\ (n \geqq 2) \end{cases}$$

$$s_n = a_1 + a_2 + \cdots + a_n$$

とおくとき，任意の自然数nに対して，s_nとs_{n+1}の間に平方数が存在することを証明せよ.

問題11－7－1は問題11－7を「一般化」した問題ですから，問題11－7－1が証明されればその「特殊化」である問題11－7は証明されたこととなります.

背理法により結論を否定します.

ある自然数nに対しては適当な自然数kとの間に以下の関係式が成立することとなります.

$$k^2 \leqq s_n < s_{n+1} \leqq (k+1)^2 \quad \cdots (*)$$

すると，$a_{n+1} = s_{n+1} - s_n \leqq (k+1)^2 - k^2$

$$\therefore \quad a_{n+1} \leqq 2k+1$$

定義式より$a_n \leqq a_{n+1} - 2$

$$\therefore \quad a_n \leqq 2k-1$$
$$a_{n-1} \leqq 2k-3$$
$$\vdots$$
$$a_3 \leqq (2k+1) - 2(n-2)$$
$$a_2 \leqq (2k+1) - 2(n-1) = x$$

ここでxの値によって，「場合分け」します.

（イ）$x = 3$のとき

このとき$a_3 \leqq 5$となります.

一方$\{a_n\}$の定義式より，$a_2 = 3$, $a_3 \geqq a_2 + 2 = 5$です．よって$a_3 = 5$となります.

以下同様にして，この場合には上の不等号≦はすべて＝となります．すると，

$$\begin{aligned} a_{n+1}+a_n+\cdots+a_2+a_1 &= (2k+1)+(2k-1)+\cdots+3+2 \\ &> (2k+1)+(2k-1)+\cdots+3+1 \\ &= (k+1)^2 \end{aligned}$$

$\therefore\quad s_{n+1}>(k+1)^2$ となり(＊)に矛盾します．

（ロ）$x>3$ のとき

x は奇数より $a_2 \leqq 5$ となります．すると，

$$\begin{aligned} a_n+a_{n-1}+\cdots+a_2+a_1 &\leqq (2k-1)+(2k-3)+\cdots+5+2 \\ &< (2k-1)+(2k-3)+\cdots+5+3+1 \\ &= k^2 \end{aligned}$$

$\therefore\quad s_n<k^2$ となり(＊)に矛盾します．

(イ)，(ロ)いずれの場合にも矛盾が生じて，「一般化」したところの問題 11－7－1は証明され，問題 11－7 も証明されたことになります．

最後に対偶を利用する例題を取り上げます．

問題 11－8

$F(x)$ は整数を係数とする多項式で次の条件をみたすものとする．

ある自然数 k が存在して，$F(1)$，$F(2)$，…，$F(k)$ のいずれも k で割り切れない．

このとき，$F(x)=0$ は整数解をもたないことを証明せよ．

条件，結論ともに否定形なので，このまま直接に証明しようとしても困難です．

対偶，「$F(x)=0$ が整数解 $x=r$ をもつならば，任意の自然数 k に対して，$F(1)$，$F(2)$，…，$F(k)$ の少なくとも一つは k で割り切れる．」

を考えると，次のようにあっさりと解決します．

因数定理により，$F(x)=(x-r)G(x)$ （ここで $G(x)$ は整数係数の多項式）．

いま r を k で割った商と余りによる等式を考えるのですが，結論，$F(1)$，$F(2)$，…，$F(k)$ の少なくとも1つは k で割り切れる，に配慮して次のよ

うにおきます.

　$r = qk + s$，q と s は整数かつ $0 < s \leqq k$

このとき,

$$F(s) = (s - r)G(s) = -qkG(s)$$

が成り立ちます.

　$G(s)$ は整数ですからこの式は $F(s)$ が k で割り切れることを示しています. そして s は，$1 \leqq s \leqq k$ をみたす整数ですから対偶が証明されたこととなるのです.

第12章　シンメトリー

様々な形式で対称性，シンメトリーが利用されていることを皆さんはご存知のことと思います．以下に取り上げる例題はそうした一例ということです．

問題 12－1

A_1，A_2，…，A_n は半径 1 の球面上の n 個の点とする．${}_nC_2$ 通りの，これら 2 点間の距離の平方の和は n^2 以下となることを証明せよ．

中心を O とし，n 個の点の位置ベクトルを $\overrightarrow{a_i}$ $(1 \leqq i \leqq n)$ とします．求める和を L とおくと，L は次の通りです．

$$
\begin{aligned}
L = &|\overrightarrow{a_1}-\overrightarrow{a_2}|^2 + |\overrightarrow{a_1}-\overrightarrow{a_3}|^2 + \cdots + |\overrightarrow{a_1}-\overrightarrow{a_n}|^2 \\
&+ |\overrightarrow{a_2}-\overrightarrow{a_3}|^2 + \cdots + |\overrightarrow{a_2}-\overrightarrow{a_n}|^2 \\
&+ \cdots\cdots\cdots \\
&\cdots\cdots\cdots + |\overrightarrow{a_{n-1}}-\overrightarrow{a_n}|^2
\end{aligned}
$$

この式からは結論が見えません．$\overrightarrow{a_i}$ と $\overrightarrow{a_j}$ は対等であるという意味で対称性がありますから L を書き直してみます．

$$
\begin{aligned}
L = \frac{1}{2}\{&|\overrightarrow{a_1}-\overrightarrow{a_2}|^2 + |\overrightarrow{a_1}-\overrightarrow{a_3}|^2 + |\overrightarrow{a_1}-\overrightarrow{a_4}|^2 + \cdots + |\overrightarrow{a_1}-\overrightarrow{a_n}|^2 \\
&+ |\overrightarrow{a_2}-\overrightarrow{a_1}|^2 + |\overrightarrow{a_2}-\overrightarrow{a_3}|^2 + |\overrightarrow{a_2}-\overrightarrow{a_4}|^2 + \cdots + |\overrightarrow{a_2}-\overrightarrow{a_n}|^2 \\
&+ |\overrightarrow{a_3}-\overrightarrow{a_1}|^2 + |\overrightarrow{a_3}-\overrightarrow{a_2}|^2 + |\overrightarrow{a_3}-\overrightarrow{a_4}|^2 + \cdots + |\overrightarrow{a_3}-\overrightarrow{a_n}|^2 \\
&+ \cdots\cdots \\
&+ |\overrightarrow{a_n}-\overrightarrow{a_1}|^2 + |\overrightarrow{a_n}-\overrightarrow{a_2}|^2 + \cdots\cdots\cdots\cdots\cdots\cdots + |\overrightarrow{a_n}-\overrightarrow{a_{n-1}}|^2\}
\end{aligned}
$$

この式からも結論は見えません．式自体，対称性がくずれていて微妙な不調和を感じます．対称性が現れるよう修正を加えてみます．

$$L=\frac{1}{2}\{|\overrightarrow{a_1}-\overrightarrow{a_1}|^2+|\overrightarrow{a_1}-\overrightarrow{a_2}|^2+|\overrightarrow{a_1}-\overrightarrow{a_3}|^2+\cdots+|\overrightarrow{a_1}-\overrightarrow{a_n}|^2$$
$$+|\overrightarrow{a_2}-\overrightarrow{a_1}|^2+|\overrightarrow{a_2}-\overrightarrow{a_2}|^2+|\overrightarrow{a_2}-\overrightarrow{a_3}|^2+\cdots+|\overrightarrow{a_2}-\overrightarrow{a_n}|^2$$
$$+\cdots\cdots$$
$$+|\overrightarrow{a_n}-\overrightarrow{a_1}|^2+|\overrightarrow{a_n}-\overrightarrow{a_2}|^2+|\overrightarrow{a_n}-\overrightarrow{a_3}|^2+\cdots+|\overrightarrow{a_n}-\overrightarrow{a_n}|^2\}$$

シンメトリーのとれた上式には規則性があり，思考が進みます．

$|\overrightarrow{a_1}|^2$ は1行目と1列目に n 個ずつ並んでおり，$\frac{1}{2}$ 倍することで $n|\overrightarrow{a_1}|^2$ となります．他の $\overrightarrow{a_i}$ についても同様のことが成り立ちます．

よって，$n(|\overrightarrow{a_1}|^2+|\overrightarrow{a_2}|^2+\cdots+|\overrightarrow{a_n}|^2)=n^2$ （$\because$ $|\overrightarrow{a_i}|=1$）
とこれらのタームはまとまります．

展開して残るタームは，$\frac{1}{2}$ 倍に注意すると，$-\overrightarrow{a_i}\cdot\overrightarrow{a_i}$ と $-2\overrightarrow{a_i}\cdot\overrightarrow{a_j}$ となります．
したがって

$$L=n(|\overrightarrow{a_1}|^2+|\overrightarrow{a_2}|^2+\cdots+|\overrightarrow{a_n}|^2)-|\overrightarrow{a_1}+\overrightarrow{a_2}+\cdots+\overrightarrow{a_n}|^2$$
$$=n^2-|\overrightarrow{a_1}+\overrightarrow{a_2}+\cdots+\overrightarrow{a_n}|^2$$

と展開できます．
よって $L\leqq n^2$ が成り立ちます．

シンメトリーが存在するような形式で L を書き並べたからこそ解決できたのです．

なお上述の解説から理解できるように，各 A_i が球面上のかわりに円周上に存在しても同じ結論が成り立ちます．

問題 12－2

a, b, c をある三角形の三辺の長さとする．このとき次の不等式が成り立つことを示せ．

$$\frac{3}{2}\leqq\frac{a}{b+c}+\frac{b}{c+a}+\frac{c}{a+b}<2$$

右側の不等号より証明します．

文字に対称性がある場合には，例えば $a\leqq b\leqq c$ として大小関係を入れると考え易い場合が多いのです．

すると a, b, c が三角形を構成することより

$$c < a+b \qquad \therefore \quad \frac{c}{a+b} < 1$$

したがって　$\dfrac{a}{b+c}+\dfrac{b}{c+a}+\dfrac{c}{a+b} < \dfrac{a}{b+c}+\dfrac{b}{c+a}+1$

$\therefore$　$\dfrac{a}{b+c}+\dfrac{b}{c+a} \leqq 1$ を示せば右側の不等式の証明は完成します．$a \leqq b \leqq c$ より，

$$\frac{a}{b+c}+\frac{b}{c+a} \leqq \frac{a}{a+c}+\frac{c}{c+a} = 1$$

よって示せました．

左側の不等式を示すために，単純に中辺−左辺≧0 を証明しようとしてもうまくいかないので，次のように工夫をします．

分母をそろえようとしても不可能なので，分子を $a+b+c$ でそろえて中辺の式を簡単にしようと試みますと以下のように解決します．

$$\begin{aligned} & \frac{3}{2} \leqq \frac{a}{b+c}+\frac{b}{c+a}+\frac{c}{a+b} \\ \Longleftrightarrow\ & \frac{9}{2} \leqq \frac{a}{b+c}+\frac{b}{c+a}+\frac{c}{a+b}+3 \quad \cdots ① \end{aligned}$$

$3 = \dfrac{b+c}{b+c}+\dfrac{c+a}{c+a}+\dfrac{a+b}{a+b}$ より

①の右辺 $= \left(\dfrac{1}{b+c}+\dfrac{1}{c+a}+\dfrac{1}{a+b}\right)(a+b+c)$

したがって① $\Longleftrightarrow 9 \leqq \left(\dfrac{1}{b+c}+\dfrac{1}{c+a}+\dfrac{1}{a+b}\right)\times 2(a+b+c) \quad \cdots ②$

を示せばよいこととなります．

②の右辺 $= \left(\dfrac{1}{b+c}+\dfrac{1}{c+a}+\dfrac{1}{a+b}\right)\{(b+c)+(c+a)+(a+b)\}$

$\geqq (1+1+1)^2$　（$\because$ シュワルツの不等式）

$= 9$

最後の不等式は，２ヶ所に３数の相加相乗平均の不等式を適用したと思っても結構です．

問題 12－3

（1） 3辺の長さが3, 4, 5である三角形の内接円の半径は1であることを証明せよ．

（2） 三角形の内接円の半径が1，かつ三辺の長さが整数であるならば3辺の長さは3, 4, 5となることを証明せよ．

（1）内接円の半径 r を求める場合そのほとんどは次の関係式を利用します．

$$S = rs,\ s = \frac{a+b+c}{2}$$

一方，与えられた三角形は直角三角形で $S = \dfrac{1}{2}\times 3\times 4 = 6$ です．

ゆえに $6 = 6r$ より $r = 1$ となります．

（2）内接円の接点を A_1, B_1, C_1 として，x, y, z を図のようにきめます．

$$\begin{aligned} 2s &= a+b+c \\ &= 2x+2y+2z \end{aligned}$$

$$\therefore\quad s = x+y+z$$

図12－3

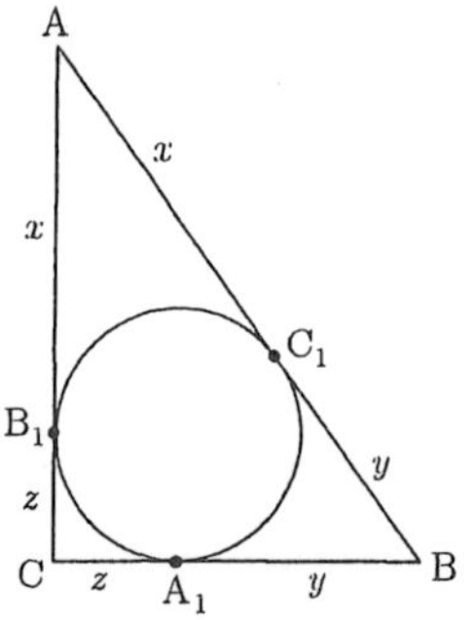

さらに $y+z=a$ などより，

$$\begin{cases} s-a = x \\ s-b = y \\ s-c = z \end{cases}$$

が成り立ちます．

$r=1$ より

$$\begin{aligned} S &= rs \\ &= s = x+y+z \quad \cdots ① \end{aligned}$$

またヘロンの公式より，

$$S = \sqrt{s(s-a)(s-b)(s-c)} = \sqrt{(x+y+z)xyz} \quad \cdots ②$$

①，②より $\sqrt{(x+y+z)xyz} = x+y+z$

$$\therefore\quad x+y+z = xyz \quad \cdots ③$$

x, y, z が整数ならば $x \geqq y \geqq z$ とおく前問と同様の工夫で③の方程式を解くことができます．そこで $2s$ の偶奇によって場合分けします．

（$2s = a+b+c \in \mathbb{N}$ です．）

（イ） $2s$ が奇数のとき

$$\begin{cases} 2x = 2s - 2a \\ 2y = 2s - 2b \\ 2z = 2s - 2c \end{cases}$$

より $2x,\ 2y,\ 2z$ はすべて奇数です．

したがって $2x \cdot 2y \cdot 2z = 8xyz$ も奇数となります．

しかし③より $8xyz = 4(2x + 2y + 2z)$

右辺は偶数より矛盾が生じます．結局 $2s$ が奇数となることはありえません．

（ロ） $2s$ が偶数のとき

s は整数となり，仮定より $a,\ b,\ c$ が整数なので，$x,\ y,\ z$ はすべて整数です．

そこで前問と同様の工夫をします．即ち，

$x \geqq y \geqq z$ とすると③より

$$xyz = x + y + z \leqq 3x$$

$$\therefore \quad yz \leqq 3$$

（i） $yz = 3$ のとき

$z = 1,\ y = 3$ となり $3x = x + 1 + 3$ より $x = 2$

$x \geqq y$ に矛盾

（ii） $yz = 2$ のとき

$$z = 1,\ y = 2$$

$2x = x + 1 + 2$ より $x = 3$

よって $a = 3,\ b = 4,\ c = 5$ の結論が証明されたこととなります．

問題 12－4

$a,\ b,\ c,\ d > 0$ のとき，次の不等式を証明せよ．

$$\frac{a^3+b^3+c^3}{a+b+c} + \frac{b^3+c^3+d^3}{b+c+d} + \frac{c^3+d^3+a^3}{c+d+a} + \frac{d^3+a^3+b^3}{d+a+b}$$
$$\geqq a^2+b^2+c^2+d^2$$

直接，左辺≧右辺を示そうとしても大変です．

与えられた不等式の対称性に着目して，

$x,\ y,\ z>0$ のとき

$$\frac{x^3+y^3+z^3}{x+y+z} \geqq \frac{x^2+y^2+z^2}{3} \quad \cdots ①$$

を示せばよいことに気付くならば直ちに解決します.

なぜならば, $\dfrac{a^2+b^2+c^2}{3}+\dfrac{b^2+c^2+d^2}{3}+\dfrac{c^2+d^2+a^2}{3}+\dfrac{d^2+a^2+b^2}{3}=$ $a^2+b^2+c^2+d^2$ だからです.

①$\Longleftrightarrow 3(x^3+y^3+z^3) \geqq (x^2+y^2+z^2)(x+y+z)$ より

$$\begin{aligned}
\text{左辺}-\text{右辺} &= 2(x^3+y^3+z^3)-x^2(y+z)-y^2(x+z)-z^2(x+y) \\
&= x^2(x-y)+x^2(x-z)+y^2(y-x)+y^2(y-z)+z^2(z-x)+z^2(z-y) \\
&= (x^2-y^2)(x-y)+(y^2-z^2)(y-z)+(z^2-x^2)(z-x) \\
&= (x+y)(x-y)^2+(y+z)(y-z)^2+(z+x)(z-x)^2 \\
&\geqq 0
\end{aligned}$$

あるいは上記の式変形が困難な場合には, ①の不等式を示す準備として,「変数を少なくする」ことを利用して,

$$\frac{x^3+y^3}{x+y} \geqq \frac{x^2+y^2}{2} \Longleftrightarrow 2(x^3+y^3) \geqq (x^2+y^2)(x+y)$$

を示すことを考えます.

$$\begin{aligned}
\text{左辺}-\text{右辺} &= x^3+y^3-x^2y-xy^2 \\
&= x^2(x-y)+y^2(y-x) \\
&= (x^2-y^2)(x-y) \\
&= (x+y)(x-y)^2 \\
&\geqq 0
\end{aligned}$$

この式の変形を見れば, もとの 3 数の場合の式変形も納得できることと思います.

問題 12－5

k の目の出る確率が p_k $(k=1,\ 2,\ \cdots,\ 6)$ であるサイコロを２人の人が１回ずつふり，大きい目を出した方を勝ちとする．このとき，

$$\text{ひき分けになる確率は}\ \frac{1}{6}\ \text{以上である}$$

ことを示せ．

ひき分けになる確率は

$$p_1^2+p_2^2+\cdots+p_6^2$$

ですから，

$$p_1^2+p_2^2+\cdots+p_6^2 \geqq \frac{1}{6}$$

を示せということです．

まともに示そうとすると非常に困難です．シンメトリーを利用して，

$$p_1=p_2=\cdots=p_6=\frac{1}{6}$$

のとき等号が成立することを見抜くならば，次のような式変形で簡単に解決してしまいます．

$$\begin{aligned}
&p_1^2+p_2^2+\cdots+p_6^2\\
&=\left(p_1-\frac{1}{6}\right)^2+\left(p_2-\frac{1}{6}\right)^2+\cdots+\left(p_6-\frac{1}{6}\right)^2\\
&\qquad+\frac{1}{3}(p_1+p_2+\cdots+p_6)-\frac{1}{6}\\
&=\left(p_1-\frac{1}{6}\right)^2+\left(p_2-\frac{1}{6}\right)^2+\cdots+\left(p_6-\frac{1}{6}\right)^2\\
&\qquad+\frac{1}{3}-\frac{1}{6}\quad(\because\ p_1+p_2+\cdots+p_6=1)\\
&=\left(p_1-\frac{1}{6}\right)^2+\left(p_2-\frac{1}{6}\right)^2+\cdots+\left(p_6-\frac{1}{6}\right)^2+\frac{1}{6}\\
&\geqq\frac{1}{6}
\end{aligned}$$

問題 12－ 6

$f(x) = |x||x-1||x-2||x-3||x-4||x-5||x-6||x-7|$ とおく．

x が閉区間 $[3,\ 4]$ を動くとき，$f(x)$ の最大値を求めよ．

$3 \leqq x \leqq 4$ のとき，絶対値をはずすと $f(x)$ は次のような形となります．

$$f(x) = x(x-1)(x-2)(x-3)(4-x)(5-x)(6-x)(7-x)$$

シンメトリーを利用して前問と同様，$x = 3.5$ において $f(x)$ は最大値をとるとアタリを付けるならば，変数 x を次のように置き換えることにより，鮮やかに解決します．

$x = \frac{7}{2} + y,\ \frac{-1}{2} \leqq y \leqq \frac{1}{2}$ とおく．

$$\begin{aligned} f(x) &= \left(\frac{7}{2}+y\right)\left(\frac{5}{2}+y\right)\left(\frac{3}{2}+y\right)\left(\frac{1}{2}+y\right)\left(\frac{1}{2}-y\right)\left(\frac{3}{2}-y\right)\left(\frac{5}{2}-y\right)\left(\frac{7}{2}-y\right) \\ &= \left\{\left(\frac{7}{2}\right)^2 - y^2\right\}\left\{\left(\frac{5}{2}\right)^2 - y^2\right\}\left\{\left(\frac{3}{2}\right)^2 - y^2\right\}\left\{\left(\frac{1}{2}\right)^2 - y^2\right\} \\ &\leqq \left(\frac{7}{2}\right)^2\left(\frac{5}{2}\right)^2\left(\frac{3}{2}\right)^2\left(\frac{1}{2}\right)^2 = \left(\frac{105}{16}\right)^2 \end{aligned}$$

よって $y = 0$ 即ち $x = \frac{7}{2}$ のとき $f(x)$ の最大値が $\left(\frac{105}{16}\right)^2$ となることがわかります．

問題 12－ 7

一辺の長さ $2a$ の正三角形の内部または辺上にある点 P から各辺までの距離の 2 乗の和が $2a^2$ 以下となる点 P の存在する部分の面積を求めよ．

点 P の存在する部分はシンメトリーを考慮すると，三角形の重心（外心，内心）に関して対称のはずですから重心を 0 として図 12－ 7 －1 のように座標を設定すると見通しが良いはずです．

図１２－７－１

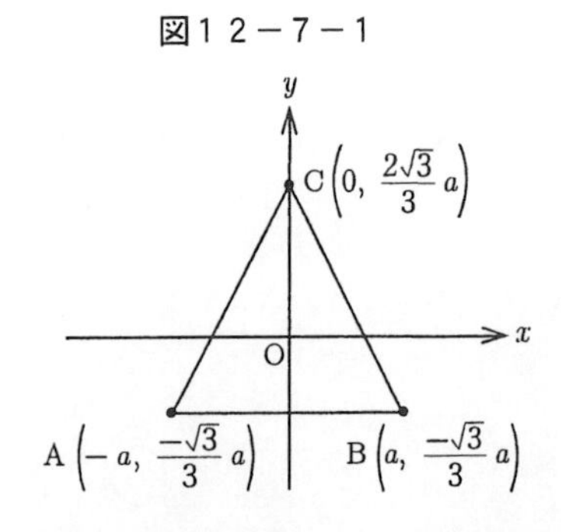

$$\begin{cases} \mathrm{AB}: y = \dfrac{-\sqrt{3}}{3}a \\ \mathrm{BC}: \sqrt{3}x + y - \dfrac{2\sqrt{3}}{3}a = 0 \\ \mathrm{CA}: \sqrt{3}x - y + \dfrac{2\sqrt{3}}{3}a = 0 \end{cases}$$

より，点$\mathrm{P}(x,\ y)$と各辺との距離の2乗の和を求めると，

$$\left(y+\frac{\sqrt{3}}{3}a\right)^2 + \frac{\left(\sqrt{3}x+y-\frac{2\sqrt{3}}{3}a\right)^2}{(\sqrt{3})^2+1^2} + \frac{\left(\sqrt{3}x-y+\frac{2\sqrt{3}}{3}a\right)^2}{(\sqrt{3})^2+(-1)^2}$$

$$= \frac{1}{2}\left\{3x^2+\left(y-\frac{2\sqrt{3}}{3}a\right)^2\right\}+\left(y+\frac{\sqrt{3}}{3}a\right)^2$$

$$= \frac{3}{2}x^2+\frac{3}{2}y^2+a^2 \leqq 2a^2$$

$$\therefore\quad x^2+y^2 \leqq \frac{2}{3}a^2$$

よって求める面積は図12－7－2の斜線部分となります．

そこで求める面積Sは，

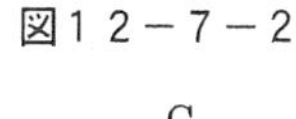

図12－7－2

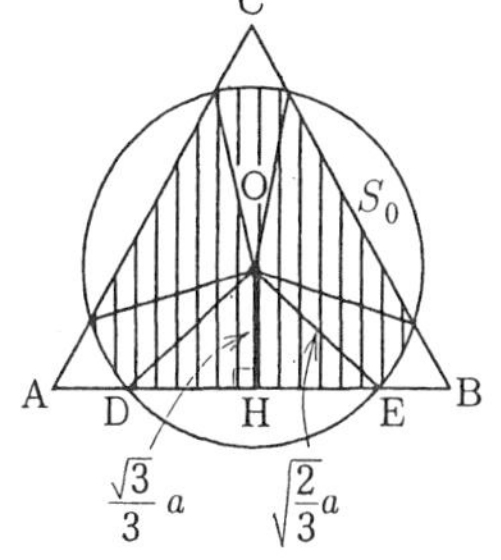

$$(\text{円の面積}) - 3S_0$$

となります．

$\mathrm{HE} = \sqrt{\mathrm{OE}^2 - \mathrm{OH}^2} = \sqrt{\dfrac{2}{3}a^2 - \dfrac{1}{3}a^2} = \dfrac{\sqrt{3}}{3}a$より，

三角形OHEは直角二等辺三角形です．

よって三角形ODEも直角二等辺三角形となります．

そこで$S_0 = \pi\left(\dfrac{2}{3}a^2\right)\times\dfrac{1}{4} - \dfrac{1}{2}\cdot\left(\sqrt{\dfrac{2}{3}}a\right)^2$

$$= \frac{1}{6}(\pi - 2)a^2$$

$$\therefore\quad S = \pi\left(\sqrt{\frac{2}{3}}a\right)^2 - 3S_0$$

$$= \left(\frac{\pi}{6}+1\right)a^2$$

三角形の重心をOとしたことによりOに関して対称な図形が得られ，計算が楽になったことに留意して下さい．

問題 12－8

空間において

$$\text{直線}\, l : x = y = -z\,,\quad \text{球}\, Q : x^2 + y^2 + z^2 = 1$$

が与えられている．また f を行列 $\begin{pmatrix} 1 & -1 \\ \frac{1}{2} & \frac{1}{2} \end{pmatrix}$ で表される xy 平面上の一次変換とする．m を，Q に接し l に平行な平面と xy 平面との交線とする．このとき，f による m の像を含み l に平行な平面が，また Q に接するような m の方程式を求めよ．

---

l に平行な平面が球 Q に接する点を $(a,\ b,\ c)$ とおくと，

$$a^2 + b^2 + c^2 = 1 \quad \cdots ①$$

接平面：$a(x-a) + b(y-b) + c(z-c) = 0$

$$\therefore \quad ax + by + cz = 1 \ \ (\because ①) \qquad \cdots ②$$

②$/\!/\, l$ より，平面②の法線ベクトルと l の方向ベクトルが垂直なのでその内積を考えて，

$$a + b - c = 0 \quad \cdots ③$$

②と xy 平面との交線が m より，②で $z = 0$ とおき，

$$m : ax + by = 1,\ z = 0$$

ここで x の係数 a と y の係数 b について，①と③より c を消去することにより，

$$a^2 + b^2 + (a+b)^2 = 1$$

$$\Longleftrightarrow 2a^2 + 2ab + 2b^2 = 1 \quad \cdots ④$$

が成立します．

ここまでくると，f による像がまた球 Q に接する条件より a と b についての関係式をもう一つ求め，④と連立して $a,\ b$ を求めればよいという見通しが得られます．

逆行列 $\begin{pmatrix} 1 & -1 \\ \frac{1}{2} & \frac{1}{2} \end{pmatrix}^{-1} = \begin{pmatrix} \frac{1}{2} & 1 \\ \frac{-1}{2} & 1 \end{pmatrix}$ を利用して

m の像 m' を求めてみます．

$$\begin{pmatrix} x \\ y \end{pmatrix} = \begin{pmatrix} 1 & -1 \\ \frac{1}{2} & \frac{1}{2} \end{pmatrix}^{-1} \begin{pmatrix} X \\ Y \end{pmatrix} = \begin{pmatrix} \frac{1}{2}X + Y \\ \frac{-1}{2}X + Y \end{pmatrix}$$

を $m: ax + by = 1$ に代入して，

$$m': \frac{1}{2}(a-b)X + (a+b)Y = 1$$

ここで「論理の対称性」を利用すると，

"m' も m と同様，球 Q に接する l に平行な平面に含まれるので，x，y の係数に関して④に相当する関係式が成立する"

ことが発見できます．

したがって，$2\left\{\frac{1}{2}(a-b)\right\}^2 + 2\left\{\frac{1}{2}(a-b)\right\}(a+b) + 2(a+b)^2 = 1$

$$\therefore \quad 7a^2 + 6ab + 3b^2 = 2 \quad \cdots ⑤$$

あとは④と⑤より a，b を求めればよいのです．

④×2−⑤より

$$(3a-b)(a+b) = 0$$

$b = 3a$ のとき $a = \pm\frac{1}{\sqrt{26}}$ となり，

$$m: x + 3y = \pm\sqrt{26},\ z = 0 \quad \cdots (答)$$

$b = -a$ のとき $a = \pm\frac{1}{\sqrt{2}}$ となり，

$$m: x - y = \pm\sqrt{2},\ z = 0 \quad \cdots (答)$$

次のような形でシンメトリーを利用するタイプの問題は入試問題において結構見かけるところです．

問題 12—9

原点を中心とする半径 1 の円を S とする．放物線 $y = x^2 - 2$ 上に相異なる 3 点 A，B，C があって，直線 AB，直線 AC が S に接しているとき，直線 BC もまた S に接することを証明せよ．

普通に解こうとすると，$\mathrm{A}(a,\ a^2-2)$ を通る傾き m の直線が円 S と接する

ことより m を a で表わし，そこから点B，点C，そして直線BCを求めて円 S に接することを確認するという方針になりましょう．しかしこれでは計算が繁雑すぎます．

3点の対称性に注目して，$\mathrm{A}(a,\ a^2-2)$，$\mathrm{B}(b,\ b^2-2)$，$\mathrm{C}(c,\ c^2-2)$ とおいて以下のように解くのが常道です．

$$\begin{cases} \mathrm{AB}: y=(a+b)x-ab-2 \\ \mathrm{AC}: y=(a+c)x-ac-2 \\ \mathrm{BC}: y=(b+c)x-bc-2 \end{cases}$$

各々が円 S と接する条件は，中心Oと各直線との距離を考えて，

$$\frac{|ab+2|}{\sqrt{(a+b)^2+1}}=1,\quad \frac{|ac+2|}{\sqrt{(a+c)^2+1}}=1,\quad \frac{|bc+2|}{\sqrt{(b+c)^2+1}}=1$$

$$\therefore\quad \begin{cases} (ab+2)^2=(a+b)^2+1 \\ (ac+2)^2=(a+c)^2+1 \\ (bc+2)^2=(b+c)^2+1 \end{cases}$$

$$\Longleftrightarrow \begin{cases} (a^2-1)b^2+2ab-a^2+3=0 & \cdots① \\ (a^2-1)c^2+2ac-a^2+3=0 & \cdots② \\ (bc+2)^2=(b+c)^2+1 & \cdots③ \end{cases}$$

結局，①，②が成り立つとき，③の式が成立することを示せばよいこととなります．

$a^2=1 \Longleftrightarrow a=\pm 1$ とすると，①，②より $b=c=\mp 1$ となって $b \neq c$ に矛盾します．

ゆえに $a \neq \pm 1$

そこで①，②より b，c は次の二次方程式の解です．

$$(a^2-1)t^2+2at-a^2+3=0$$

解と係数の関係により，

$$\begin{cases} b+c=\dfrac{-2a}{a^2-1} \\ bc=\dfrac{-a^2+3}{a^2-1} \end{cases}$$

このとき，

$$
\begin{aligned}
&(bc+2)^2-(b+c)^2-1\\
&=\left(\frac{a^2+1}{a^2-1}\right)^2-\left(\frac{-2a}{a^2-1}\right)^2-1\\
&=\left(\frac{a^2-1}{a^2-1}\right)^2-1\\
&=0
\end{aligned}
$$

∴　③の式が成立することが示されたこととなり，結果として結論も証明されました．

問題 12—10

$$\int_{-1}^{1}\frac{x^2}{1+e^x}\,dx$$

を求めよ．

定石に従って，$e^x=t$ あるいは $e^x+1=t$ とおいて置換積分を試みてもうまくいきません．その他，まともに計算を試みても失敗します．方針を転換して積分区間の対称性に注目します．$f(x)$ が奇関数のとき，$\int_{-a}^{a}f(x)\,dx=0$ が成り立つことの証明を思い出し，同じ方法を試みるならば以下のように解決します．

$$\text{与式}=\int_{-1}^{0}\frac{x^2}{1+e^x}\,dx+\int_{0}^{1}\frac{x^2}{1+e^x}\,dx=I_1+I_2$$

$x=-t$ とおくと

$$I_1=\int_{1}^{0}\frac{(-t)^2}{1+e^{-t}}(-dt)=\int_{0}^{1}\frac{e^t t^2}{e^t+1}\,dt=\int_{0}^{1}\frac{e^x x^2}{e^x+1}\,dx$$

$$
\begin{aligned}
\therefore\quad \text{与式}&=I_1+I_2\\
&=\int_{0}^{1}\frac{(e^x+1)x^2}{1+e^x}\,dx=\int_{0}^{1}x^2dx=\frac{1}{3}\qquad\cdots(\text{答})
\end{aligned}
$$

なおこの問題の裏には次の一般論が存在します．

問題 12—10—1

$f(x)$ が偶関数，即ち $f(-x)=f(x)$ が成り立つとき，次の式が成立する．

$$\int_{-a}^{a}\frac{f(x)}{1+e^x}\,dx=\int_{-a}^{a}\frac{f(x)}{1+e^{-x}}\,dx=\int_{0}^{a}f(x)\,dx$$

証明は問題 12—10 と同じ計算をすれば大丈夫ですからここでは省略します．

問題 12—11

半径が１の３つの円柱があり，軸は点 O において互いに直交している．このとき，３つの円柱の共通部分の体積 V を求めよ．

円柱の軸方向に x, y, z 軸をとると，３つの円柱の式は，

$$y^2+z^2 \leqq 1 \quad \cdots ①$$
$$z^2+x^2 \leqq 1 \quad \cdots ②$$
$$x^2+y^2 \leqq 1 \quad \cdots ③$$

になります．

立体の求積問題では，立体そのものの図形に関心をもつのではなく，例えば x 軸に垂直な平面による立体の断面の図形，そしてその面積 $S(x)$ を考えるのがポイントでした．

あとは $V=\int S(x)dx$ を計算するということです．

そこで $x=$ (一定) にして切った切り口の点の y 座標と z 座標は次の式をみたさねばなりません．

$$y^2+z^2 \leqq 1 \cdots ①'$$
$$z^2 \leqq 1-x^2 \cdots ②'$$
$$y^2 \leqq 1-x^2 \cdots ③'$$

切り口の図形は $|x|$ の大きさによって，次の図 12－11－１または 12—11—2 となります．

図１２－１１－１　　図１２－１１－２

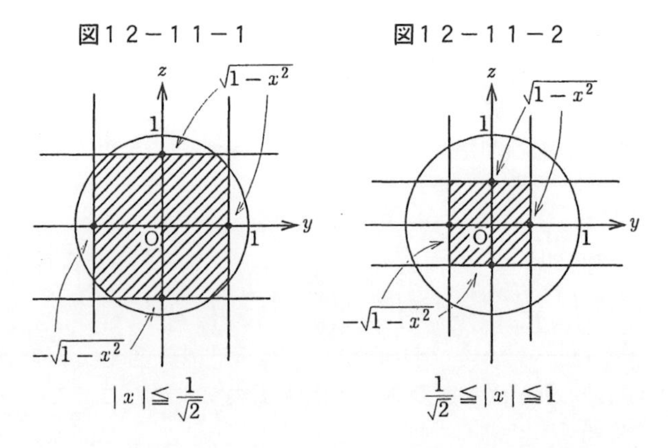

図 12—11—2 の断面積は簡単に x で表せますが，図 12—11—1 の方は大変です．

初めに戻って，①，②，③の式には x, y, z についてシンメトリーが存在するのでそれを利用することを考えます．

$x \geqq \frac{1}{\sqrt{2}}$ なる部分の体積を v とすると図 12—11—2 より，

$$v = \int_{\frac{1}{\sqrt{2}}}^{1} (2\sqrt{1-x^2})^2\,dx$$
$$= 4\int_{\frac{1}{\sqrt{2}}}^{1} (1-x^2)\,dx$$
$$= \frac{1}{3}(8-5\sqrt{2})$$

同様にして，

$$x \leqq -\frac{1}{\sqrt{2}},\quad y \geqq \frac{1}{\sqrt{2}},\quad y \leqq -\frac{1}{\sqrt{2}},\quad z \geqq \frac{1}{\sqrt{2}},\quad z \leqq -\frac{1}{\sqrt{2}}$$

なる部分の体積も各々 v で，あわせて $6v$ となります．

一方そうでない部分，すなわち

$$|x| \leqq \frac{1}{\sqrt{2}},\quad |y| \leqq \frac{1}{\sqrt{2}},\quad |z| \leqq \frac{1}{\sqrt{2}}$$

なる部分は，一辺の長さが $\sqrt{2}$ の立方体となりますのでその体積は $2\sqrt{2}$ です．

そこで求める体積 V は，

$$V = 2\sqrt{2} + 6v = 16 - 8\sqrt{2}$$

となります．

問題 12—12

関数 $f(x)$ は $[0,\ a]$ において，$f'(x) < 0,\ f''(x) < 0$ で $f(a) = 0$ とする．

曲線 $y = f(x)$，$0 \leqq x \leqq a$ 上の点 P における接線と x, y 両軸との交点をそれぞれ A，B とする．

この曲線と接線および x, y 両軸で囲まれた図形の面積が最小となるときの，AP : BP の比を求めよ．

$f'(x) < 0,\ f''(x) < 0$ より $y = f(x)$ のグラフは減少で上に凸ですから図12−12

−１のようになります．

図１２−１２−１

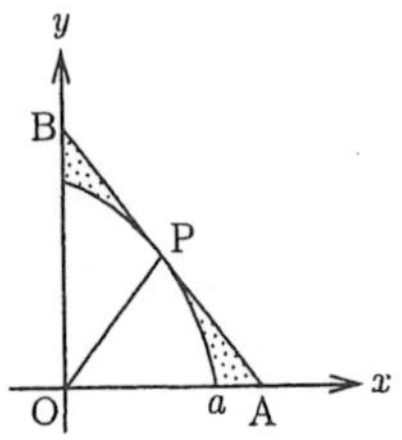

図を見ていますと，積分を利用して問題となっている点線部分の面積を求めなくてもよいことに気付きます． $y=f(x)$ と x, y 両軸で囲まれた部分の面積は一定ですからそれらを加えた三角形 OAB の面積が最小となるときの P を考えればよいからです．

早速，計算を始めます．

$\mathrm{P}(t,\ f(t))$ とおくと P における接線は，

$$y=f'(t)(x-t)+f(t)$$

$$\therefore\quad \mathrm{A}\left(\frac{-(f-tf')}{f'},\ 0\right),\ \mathrm{B}(0,\ f-tf')$$

$$S=\triangle\mathrm{OAB}=-\frac{(f-tf')^2}{2f'}$$

$$\frac{dS}{dt}=\frac{-1}{2}\left\{\frac{2(f-tf')(-tf'')\cdot f'-(f-tf')^2f''}{f'^2}\right\}$$

$$=\frac{f''(f-tf')}{2f'^2}\cdot(f+tf')$$

$f>0,\ tf'<0$ より $f-tf'>0$

そこで $\dfrac{f''(f-tf')}{2f'^2}<0$

次に， $g(x)=f(x)+xf'(x)$ とおき， $f+tf'$ の符号を調べます．

$g'(x)=2f'(x)+xf''(x)<0$ より $g(x)$ は減少関数かつ

$$g(0)=f(0)>0,\quad g(a)=af'(a)<0$$

そこで $g(\alpha)=0,\ 0<\alpha<a$ をみたす α があり，α を境に $g(x)$ は正から負に変わります．

結局，S の増減表は右のようになるので，S は $x=\alpha$ で最小となります．

t	0		α		a
$\dfrac{dS}{dt}$		−	0	＋	
S		↘		↗	

このとき α は，

$$g(\alpha)=f(\alpha)+\alpha f'(\alpha)=0\quad\cdots①$$

をみたします.

あとは①より AP : BP を求めます.

しかしここで漫然と考えるならば思考が進まないはずです.

シンメトリーを利用すると，AP = BP となる点 P で面積が最小となることが期待されます.

中学における直角三角形についての知識を利用すると，そのとき図12－12－2のようになります.

図12－12－2

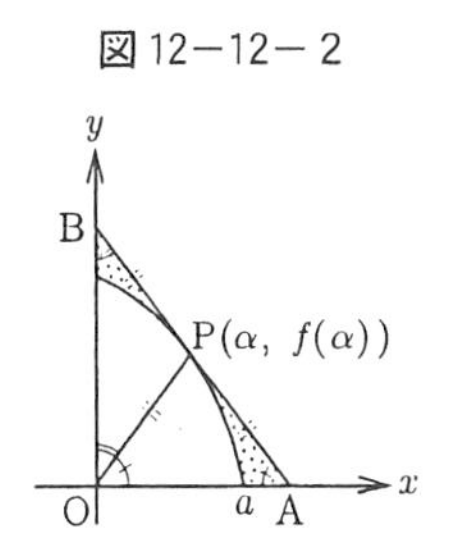

こうした見通しを得ると，①の式を以下のように変形してゆくことは易しいことでしょう.

①より $\dfrac{f(\alpha)}{\alpha} = -f'(\alpha)$

$$\therefore\quad \tan\angle \mathrm{POA} = \tan\angle \mathrm{PAO}$$

$$\therefore\quad \angle \mathrm{POA} = \angle \mathrm{PAO}$$

$\angle \mathrm{POA} + \angle \mathrm{POB} = \angle \mathrm{PAO} + \angle \mathrm{PBO} = 90^\circ$ より

$$\angle \mathrm{POB} = \angle \mathrm{PBO}$$

$$\therefore\quad \mathrm{AP} = \mathrm{OP} = \mathrm{BP}$$

よって AP : BP = 1 : 1

以上，例題をもとに解説してきましたが，様々な形でシンメトリーは利用されるということです.

もちろんシンメトリーの内容は以上で尽きるものではありません．題材を集めれば，シンメトリーを語るだけで一冊の本ができてしまうのではないかと思えるほど，その内容は多岐にわたっています．注意を払いますと，様々な形で利用されていることを発見できることでしょう.

第13章　不変原理

問題 13－1

$n(>1)$ 人の選手 $P_1, P_2, \cdots, P_n$ が総当たり戦で試合をする．各選手は他のどの選手とも，ちょうど1回だけ対戦し，どの対戦においても引き分けはないものとする．

選手 P_r の勝ち試合数，負け試合数をそれぞれ W_r, L_r とするとき，

$$\sum_{r=1}^{n} W_r^2 = \sum_{r=1}^{n} L_r^2$$

が成立することを示せ．

筆者による前著作（1994）において，「後ろ向きにたどる」の例題として取り上げた問題です．即ち，次の図 13-1 において，太字の最下式の結論より「後ろ向きにたどる」ことにより最上辺の仮定に達して問題解決するということでした．

この問題をある優秀な高校生に解いて頂いたところ，彼は問題を読むと直ちに，

$$W_r + L_r = n-1,\ \sum_{r=1}^{n} W_r = \sum_{r=1}^{n} L_r \quad \cdots①$$

を書いたのでした．

その後，少考してから．順思考的(working forward)に，図にあるような式を上から下へと書いてごく自然に解決したのでした．

私が彼にどうして①のような式を思いつくのか尋ねたところ、彼は首をかしげて、「何となくです．どうしてかわかりません．」と答えるだけでした．

実は、彼は「不変原理」というストラテジーを利用したのです．彼はそれまでの経験より，無意識のうちにこのストラテジーを身に付けていたのです．

またこのことは，数学者が意識下，無意識下のもと、問題解決において利

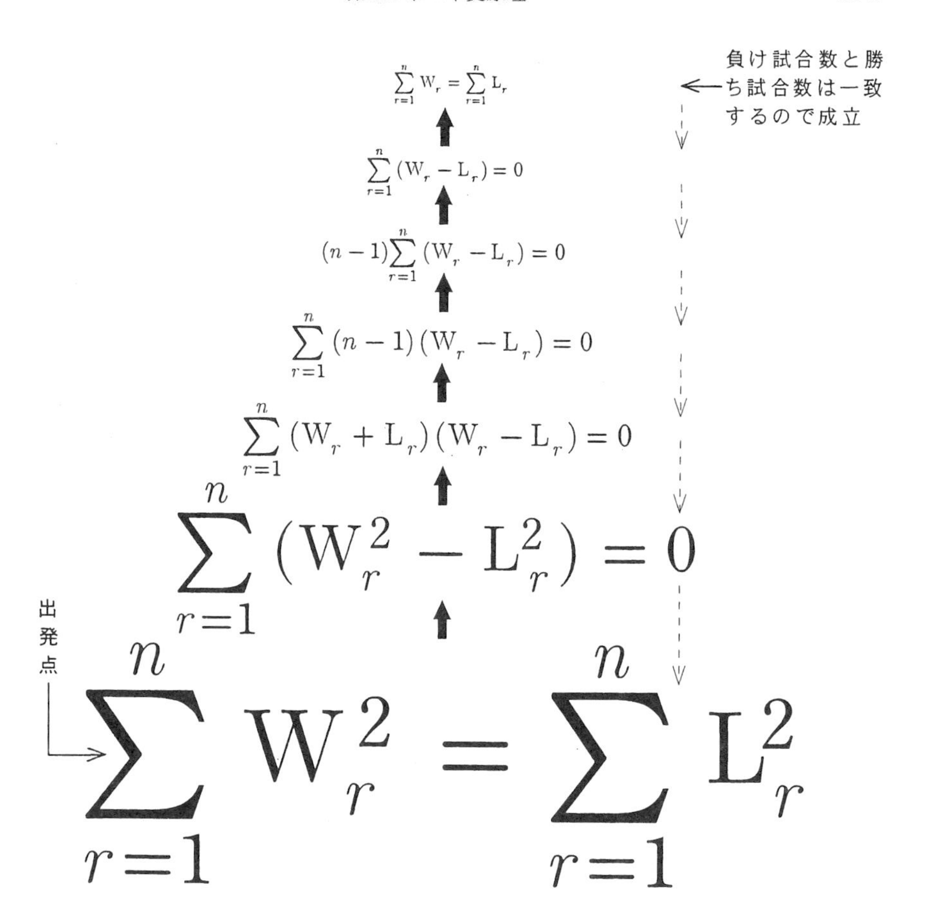

用するちょっとしたコツ，経験則というストラテジーの特徴を示すエピソードでもあります．

「不変原理」は invariance principle の直訳です．もう少しこなれた言葉で表現すれば，「不変量に注目せよ．」ということになりましょう．

注意を払って問題を見ていますと結構利用されていることに気付きます．

問題 13— 2

$$\sin\theta + \sqrt{2}\cos\theta = 1$$

のとき，$\sin\theta$, $\cos\theta$ の値を求めよ．

教科書，問題集等々で必ず目にするタイプの問題です．問題文の背後に，$\sin^2\theta + \cos^2\theta = 1$ の不変関係がかくれているわけです．（ちなみに答は，$(\sin\theta,\ \cos\theta) = (1, 0)$，$\left(\frac{-1}{3},\ \frac{2\sqrt{2}}{3}\right)$ です．）

与えられた問題を解くという意味での問題解決において、出題者がある不変関係に着目して問題の背後にしのばせて作題をするということは，一つの出題テクニックとして経験者ならば納得できることでしょう．

問題解決において当ストラテジーが活躍できる由縁です．

問題 13－3

濃度 a%の食塩水 6 kgが入っている容器 A と，濃度 b%の食塩水 4 kgが入っている容器 B がある．A より 1 kgの食塩水をとってそれを B にうつし，よくまぜ合わせた後に同量を A に戻すものとする．この操作を n 回くり返したときの A，B の食塩水の濃度をそれぞれ求めよ．

「式（漸化式）を作る」の例題，問題 10－8 です．

第 10 章では漸化式，

$$a_0 = a,\ b_0 = b$$

$$\begin{cases} a_n = \dfrac{13}{15}a_{n-1} + \dfrac{2}{15}b_{n-1} & \cdots ① \\ b_n = \dfrac{1}{5}a_{n-1} + \dfrac{4}{5}b_{n-1} & \cdots ② \end{cases}$$

を作った後，定石通り①，②より b_n を消去して a_n の三項間漸化式を導いて解きました．

食塩の量の和が一定であることに注目して，不変関係，

$$3a_n + 2b_n = 3a + 2b \iff \frac{2}{15}b_n = \frac{3a+2b}{15} - \frac{1}{5}a_n \quad \cdots ③$$

に気付くならば，与えられた連立漸化式より a_n の二項間漸化式を導くことができて，前の解き方より少々計算が楽になります．

①，③より，
$$a_n = \frac{13}{15}a_{n-1} + \frac{3a+2b}{15} - \frac{1}{5}a_{n-1}$$
$$= \frac{2}{3}a_{n-1} + \frac{3a+2b}{15}$$
$$\therefore \quad a_n - \frac{3a+2b}{5} = \frac{2}{3}\left(a_{n-1} - \frac{3a+2b}{5}\right)$$
$$a_n - \frac{3a+2b}{5} = \left(\frac{2}{3}\right)^n\left(a_0 - \frac{3a+2b}{5}\right) \text{ より}$$
$$a_n = \frac{3a+2b}{5} + \frac{2}{5}\left(\frac{2}{3}\right)^n(a-b)$$

③に代入して，
$$b_n = \frac{3a+2b}{5} - \frac{3}{5}\left(\frac{2}{3}\right)^n(a-b)$$

問題 13－4

k の目の出る確率が p_k $(k=1,\ 2,\ \cdots,\ 6)$ であるサイコロを２人の人が１回ずつふり，大きい目を出した方を勝ちとする．このとき，

ひき分けになる確率は $\dfrac{1}{6}$ 以上である

ことを示せ．

シンメトリーの例題，問題 12-5 です．そこでは対称性を利用して，$\displaystyle\sum_{k=1}^{n} p_k^2 \geqq \frac{1}{6}$ を示しました．

不変関係，$\displaystyle\sum_{k=1}^{n} p_k = 1$

に着目すると，シュワルツの不等式の利用を思い付くことによって以下のような別解法が得られます．

シュワルツの不等式より，
$$(p_1^2 + p_2^2 + \cdots + p_6^2)(1^2 + 1^2 + \cdots + 1^2)$$
$$\geqq (p_1 + p_2 + \cdots + p_6)^2 = 1$$
$$\therefore \quad p_1^2 + p_2^2 + \cdots + p_6^2 \geqq \frac{1}{6}$$

問題 13－5

島に 45 匹のカメレオンがいて，そのうち 17 匹が黄色，15 匹が灰色，13 匹が青色とする．

それらが徘徊して 2 匹が出会うとき，同じ色同士の場合は体色が変化せず，異なる色同士の場合には第 3 の体色に 2 匹とも変化するものとする．

ある瞬間に，島にいる 45 匹すべてのカメレオンが同色となることがありうるか判定せよ．ただしカメレオンは必ず 2 匹で出会うものとする．

最初の状態より k 回の出会いが起こった後の黄色，灰色，青色のカメレオンの数を y_k，g_k，b_k とおきます．

漸化式を作る要領で，

$$(y_0,\ g_0,\ b_0) = (17,\ 15,\ 13)$$

$$(y_{k+1},\ g_{k+1},\ b_{k+1}) = (y_k - 1,\ g_k - 1,\ b_k + 2),\ (y_k - 1,\ g_k + 2,\ b_k - 1),$$
$$(y_k + 2,\ g_k - 1,\ b_k - 1)$$

のいずれかが成立します．

問題は，例えば $y_k = 45$，$g_k = b_k = 0$ という状態が起こりうるか判定せよということです．

上の関係式を注視しますと，例えば y_k と g_k に関して，

$$y_{k+1} - g_{k+1} = y_k - g_k,\ \ y_k - g_k \pm 3$$

の関係があることに気付きます．

不変関係，$y_{k+1} - g_{k+1} \equiv y_k - g_k \pmod{3}$

が成立することを発見します．

一方，$y_0 - g_0 = 2$ です．よって，

$$y_k - g_k \equiv 2 \pmod{3} \quad \cdots①$$

さてある瞬間に 45 匹すべてが同色となるとすると，

$$y_k - g_k = 0,\ \pm 45$$

です．よって，

$$y_k - g_k \equiv 0 \pmod{3} \quad \cdots②$$

となります．

①，②よりすべてが同色となりうることはありえないことがわかりました．

問題 13－6

$a \geqq 1$ なる実数とする．x についての方程式，

$$(\sqrt{a+\sqrt{a^2-1}})^x + (\sqrt{a-\sqrt{a^2-1}})^x = 2a$$

の実数解を求めよ．

不変関係，$\sqrt{a+\sqrt{a^2-1}}\sqrt{a-\sqrt{a^2-1}} = \sqrt{a^2-(a^2-1)} = 1$

を見い出すことにより，以下の解法となります．

$y = (\sqrt{a+\sqrt{a^2-1}})^x$ とおくと与方程式は，

$$y + \frac{1}{y} = 2a$$

$y^2 - 2ay + 1 = 0$ より $y = a \pm \sqrt{a^2-1} = y_1,\ y_2 \quad (y_1 > y_2)$

$\log y = x \log \sqrt{a+\sqrt{a^2-1}}$ より

（イ）$a \neq 1$ のとき

$$x_1 = \frac{\log y_1}{\log \sqrt{a+\sqrt{a^2-1}}} = \frac{\log(a+\sqrt{a^2-1})}{\frac{1}{2}\log(a+\sqrt{a^2-1})} = 2$$

$$x_2 = \frac{\log y_2}{\log \sqrt{a+\sqrt{a^2-1}}} = \frac{\log(a-\sqrt{a^2-1})}{\log \sqrt{a+\sqrt{a^2-1}}}$$

$$= \frac{\log \dfrac{1}{a+\sqrt{a^2-1}}}{\frac{1}{2}\log(a+\sqrt{a^2-1})} = -2$$

（ロ）$a = 1$ のとき

与方程式は，$1^x + 1^x = 2$ より任意の実数について成立．よって

$$\begin{cases} a \neq \pm 1 \text{のとき} x = \pm 2 \\ a = 1 \text{のとき} x \text{は任意の実数} \end{cases} \quad \cdots(\text{答})$$

問題 13－7

点列$\{p_k\}$は数直線上の点で，$p_k(k)$をみたすものとする．

また数列x_1，x_2，…，x_nは n 個の自然数1, 2, …, n を並べかえたものとする．

このとき，

$$\sum_{k=1}^{n}\overline{p_{x_k}p_k}^2+\sum_{k=1}^{n}\overline{p_{x_k}p_{n-k+1}}^2$$

の値を n の式で表せ．

$$与式=\sum_{k=1}^{n}(x_k-k)^2+\sum_{k=1}^{n}\{x_k-(n-k+1)\}^2 \cdots ①$$

となります．

数列$\{x_k\}$の定義より次の不変関係が成立します．

$$\sum_{k=1}^{n}x_k=\sum_{k=1}^{n}k,\quad \sum_{k=1}^{n}x_k^2=\sum_{k=1}^{n}k^2$$

また帰納的に書き下ろすことにより，次の関係式が成立することもわかります．

$$\sum_{k=1}^{n}(n-k+1)^2=\sum_{k=1}^{n}k^2$$

①式を前にして，直ちにむやみな式の展開に走るのではなく、これらの関係式を発見するならば，次のような式変形となって解決します．

与式

$$=\sum_{k=1}^{n}(x_k-k)^2+\sum_{k=1}^{n}\{x_k-(n-k+1)\}^2$$

$$=\sum_{k=1}^{n}x_k^2-2\sum_{k=1}^{n}kx_k+\sum_{k=1}^{n}k^2+\sum_{k=1}^{n}x_k^2-2\sum_{k=1}^{n}(n-k+1)x_k+\sum_{k=1}^{n}(n-k+1)^2$$

$$=2\sum_{k=1}^{n}x_k^2-2\sum_{k=1}^{n}\{k+(n-k+1)\}x_k+\sum_{k=1}^{n}k^2+\sum_{k=1}^{n}(n-k+1)^2$$

$$=4\sum_{k=1}^{n}k^2-2\sum_{k=1}^{n}(n+1)x_k$$

$$=4\sum_{k=1}^{n}k^2-2(n+1)\sum_{k=1}^{n}x_k$$

$$= 4\sum_{k=1}^{n} k^2 - 2(n+1)\sum_{k=1}^{n} k$$

$$= 4\cdot\frac{1}{6}n(n+1)(2n+1) - 2(n+1)\cdot\frac{1}{2}n(n+1)$$

$$= \frac{1}{3}n(n+1)\{(4n+2)-(3n+3)\}$$

$$= \frac{1}{3}n(n+1)(n-1)$$

問題13－8

a, b, c, d を4つすべては等しいことのない4整数とする．

(a, b, c, d) を $(a-b, b-c, c-d, d-a)$ で置き換える操作を何回も繰り返すとき，4組の整数のうち少なくとも1つはその絶対値がいくらでも大きくなることを示せ．

---

n 回の操作後の4組の整数を，

$$P_n = (a_n, b_n, c_n, d_n)$$

とおきます．ただし $P_0 = (a, b, c, d)$ とします．

さて結論が成り立つとき，4次元空間において点列 $\{P_n\}$ は原点 O から遠ざかることを意味します．即ち，

$$\lim_{n\to\infty} \mathrm{OP}_n = \infty$$

となります．

$\lim_{n\to\infty}(a_n^2 + b_n^2 + c_n^2 + d_n^2) = \infty$ を示せばよいという発想が生まれます．OP_{n+1} と OP_n の間には次の関係式が成立します．

$$a_{n+1}^2 + b_{n+1}^2 + c_{n+1}^2 + d_{n+1}^2 = (a_n - b_n)^2 + (b_n - c_n)^2 + (c_n - d_n)^2 + (d_n - a_n)^2$$

$$= 2(a_n^2 + b_n^2 + c_n^2 + d_n^2) - 2(a_nb_n + b_nc_n + c_nd_n + d_na_n) \quad \cdots①$$

ここで次の不変関係に注目します．

$n \geqq 1$ のとき，$a_n + b_n + c_n + d_n = 0 \quad \cdots②$

示すべき結論，$\lim_{n\to\infty}(a_n^2 + b_n^2 + c_n^2 + d_n^2) = \infty$ と式①を見比べると①式の

$2(a_nb_n+b_nc_n+c_nd_n+d_na_n)$ の項を消したくなります．そこで②の式を二乗して，

$$\begin{aligned}0&=(a_n+b_n+c_n+d_n)^2\\&=\{(a_n+c_n)+(b_n+d_n)\}^2\\&=(a_n+c_n)^2+(b_n+d_n)^2+2(a_nb_n+b_nc_n+c_nd_n+d_na_n)\end{aligned}$$

①式の右辺にこの式を加えることにより，

$$\begin{aligned}a_{n+1}^2+b_{n+1}^2+c_{n+1}^2+d_{n+1}^2&=2(a_n^2+b_n^2+c_n^2+d_n^2)+(a_n+c_n)^2+(b_n+d_n)^2\\&\geqq 2(a_n^2+b_n^2+c_n^2+d_n^2)\end{aligned}$$

$$\therefore\quad a_n^2+b_n^2+c_n^2+d_n^2\geqq 2^{n-1}(a_1^2+b_1^2+c_1^2+d_1^2)$$

よって $\lim_{n\to\infty}(a_n^2+b_n^2+c_n^2+d_n^2)=\infty$ が成り立ち，結論が示されたことになります．

不変関係を見い出すと，解決への思いがけない見通しが得られることが多いということです．

第14章　論理的思考

最後の１４番目のストラテジーは「論理的思考」です．

図などを利用して具体的に考えるのではなく，形式的，論理的に考えるということがその主たる内容です．

問題 14－1

x についての方程式

$$px^2+(p^2-q)x-(2p-q-1)=0 \quad \cdots(*)$$

が解をもち，すべての解の実部が負となるような実数の組 $(p,\ q)$ の範囲を pq 平面上に図示せよ．

始めに与方程式が二次方程式の場合とそうでない場合とに場合分けします．

（Ｉ）$p=0$ のとき

$(*) \Longleftrightarrow qx=q+1$

$q \neq 0,\ x=\dfrac{q+1}{q}<0$ より

$-1<q<0$

（Ⅱ）$p \neq 0$ のとき

（＊）の２解を $\alpha,\ \beta$ とするとき，実数解か否かにより，場合分けすることとなります．

（Ⅱ－イ）

$D \geqq 0,\ \alpha+\beta<0,\ \alpha\beta>0$

（Ⅱ－ロ）

$D<0,\ \dfrac{1}{2}(\alpha+\beta)<0 \Longleftrightarrow \alpha+\beta<0$ （∵　$\alpha=a+bi,\ \beta=a-bi$ とおくと，$a=\dfrac{1}{2}(\alpha+\beta)$）

ところで，

$$\alpha+\beta=\frac{-(p^2-q)}{p}<0$$

$$\alpha\beta=\frac{-(2p-q-1)}{p}>0$$

より，これらを図示することに困難はありません．

一方，$D=(p^2-q)^2+4p(2p-q-1)$

なので，$D\geqq 0$ および $D<0$ の領域を調べるのは非常に困難です．何か工夫が必要です．

改めて（Ⅱ－ロ）を見ますと，$\alpha=a+bi,\ \beta=a-bi$ より，

$$\alpha\beta=a^2+b^2>0 \qquad (\because\ b \neq 0)$$

が必ず成立することに気付きます．即ち，（Ⅱ－ロ）では，

$$D<0,\ \ \alpha+\beta<0,\ \ \alpha\beta>0$$

としてよいこととなります．

結局，場合（Ⅱ）$p\neq 0$ のときは，論理的，形式的に，（Ⅱ－イ）と（Ⅱ－ロ）を合わせて，

$$\alpha+\beta=\frac{-(p^2-q)}{p}<0 \quad \cdots①$$

$$\alpha\beta=\frac{-(2p-q-1)}{p}>0 \quad \cdots②$$

のチェックだけをすればよいこととなります．

$$①\Longleftrightarrow p(p^2-q)>0 \Longleftrightarrow \begin{cases} p>0,\ q<p^2 \\ p<0,\ q>p^2 \end{cases}$$

$$②\Longleftrightarrow p(2p-q-1)<0$$

$$\Longleftrightarrow \begin{cases} p>0,\ q>2p-1 \\ p<0,\ q<2p-1 \end{cases}$$

よって答は図 14－1 となります．

図１４－１

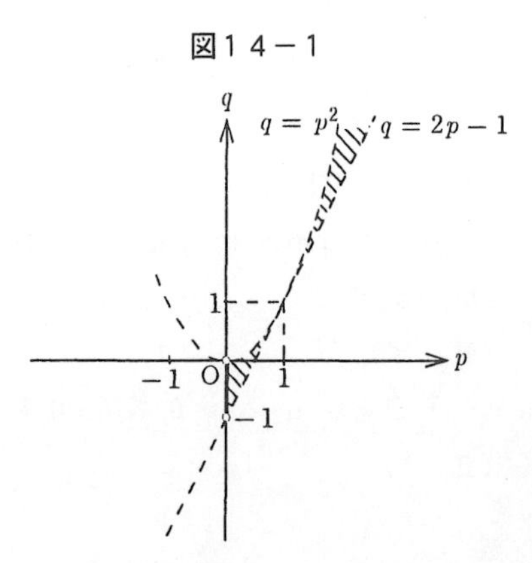

問題 14－2

２つの実数 a, b のうち，大きい方を $\max(a,\ b)$ で表す．（$a=b$ のときは，$\max(a,\ b)=a$ である．）

次の条件を満たす点 $(x,\ y)$ の集合を xy 平面上に図示せよ．

$$1 \leqq \max(x+y+2,\ x^2+y^2) \leqq 5 \quad \cdots(*)$$

max の定義に従って素直に場合分けをして max の記号をはずすと次のようになります．

$$(*) \iff \begin{cases} x^2+y^2 \geqq x+y+2 \\ 1 \leqq x^2+y^2 \leqq 5 \end{cases} \text{ または，} \begin{cases} x^2+y^2 < x+y+2 \\ 1 \leqq x+y+2 \leqq 5 \end{cases}$$

$$\iff \begin{cases} \left(x-\dfrac{1}{2}\right)^2+\left(y-\dfrac{1}{2}\right)^2 \geqq \dfrac{5}{2} \\ 1 \leqq x^2+y^2 \leqq 5 \end{cases} \text{ または，} \begin{cases} \left(x-\dfrac{1}{2}\right)^2+\left(y-\dfrac{1}{2}\right)^2 < \dfrac{5}{2} \\ -x-1 \leqq y \leqq -x+3 \end{cases}$$

以上の結論を図示すればよいのです．しかし不可能ではありませんが結構大変です．実際に描こうとすればわかりますが，３つの円と２つの直線，

$$\begin{cases} x^2+y^2=1 \\ x^2+y^2=5 \\ \left(x-\dfrac{1}{2}\right)^2+\left(y-\dfrac{1}{2}\right)^2=\dfrac{5}{2} \\ y=-x-1 \\ y=-x+3 \end{cases}$$

の位置関係を正確に書くのは結構難しいのです．

方針を転換して，max の記号を論理的に考えて，形式的にはずすと次のようになります．（$\wedge$ は and を，$\vee$ は or を表わします．）

$$\begin{aligned} &\max(x+y+2,\ x^2+y^2) \leqq 5 \\ \iff& x+y+2 \leqq 5 \wedge x^2+y^2 \leqq 5 \\ \iff& x+y \leqq 3 \wedge x^2+y^2 \leqq 5 \quad \cdots① \end{aligned}$$

$$\begin{aligned} &1 \leqq \max(x+y+2,\ x^2+y^2) \\ \iff& 1 \leqq x+y+2 \vee 1 \leqq x^2+y^2 \\ \iff& -1 \leqq x+y \vee 1 \leqq x^2+y^2 \quad \cdots② \end{aligned}$$

求める領域は①∧②です．形式論理に従うと次のようになります．

$$
\begin{aligned}
①\wedge② &\Longleftrightarrow (x+y \leqq 3 \wedge x^2+y^2 \leqq 5) \wedge (-1 \leqq x+y \vee 1 \leqq x^2+y^2) \\
&\Longleftrightarrow (x+y \leqq 3 \wedge x^2+y^2 \leqq 5 \wedge -1 \leqq x+y) \vee \\
&\qquad\qquad (x+y \leqq 3 \wedge x^2+y^2 \leqq 5 \wedge 1 \leqq x^2+y^2) \\
&\Longleftrightarrow (-1 \leqq x+y \leqq 3 \wedge x^2+y^2 \leqq 5) \vee (x+y \leqq 3 \wedge 1 \leqq x^2+y^2 \leqq 5)
\end{aligned}
$$

この式が初めの考え方によって得られた結論の式よりもずっと図が書き易いことは明らかでしょう．

実際に図を書くと図１４－２になります．

図１４－２

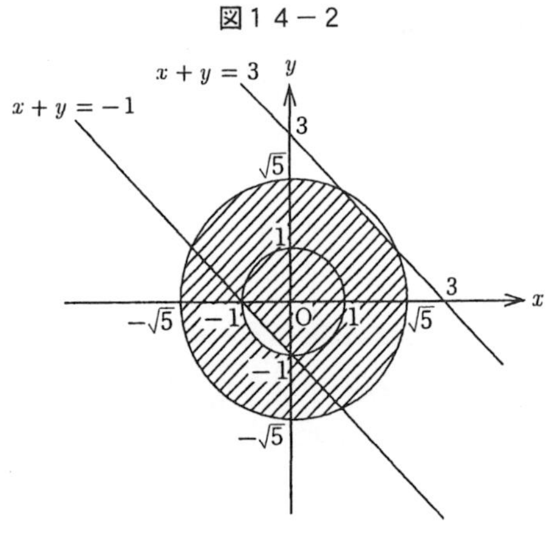

以上の２題より理解できるように，形式的，論理的に処理しようとすると，問題内容に干渉されることなく思考がてきぱきと進むこともあるのです．

もっともこうした考え方は中学校時代にも利用していたのです．例えば，

「つるとかめがあわせて 12 匹いる．足の総数が 40 本のとき，つるとかめの数を求めよ．」を例にとります．有名なつるかめ算です．つるの数を x として方程式を利用して解くと次のようになります．

$$
\begin{aligned}
2x+4(12-x) &= 40 \quad \cdots① \\
2x-4x &= 40-48 \quad \cdots② \\
-2x &= -8 \\
x &= 4
\end{aligned}
$$

①の式を作るとき，足の総数という具体的な意味を考えて式を作ります．

しかし②の式へと変形するとき，左右両辺の意味内容を私達は考えたりしません．移項という計算規則に従って形式的に変形しているだけです．以下の式も同様です．

その結果，てきぱきと答が求まるのです．

具体的に考えることから離れて，形式的，論理的に考えることを主張するのが当ストラテジーの特徴です．

二つの考え方を上手に使い分ける，あるいは組み合わせて考えるのが賢い数学的な態度です．

問題 14－3

$0<a<2,\ 0<b<2$ のとき，$ab \leqq 1$ または $(2-a)(2-b) \leqq 1$ が成り立つことを証明せよ．

第8章「問題の細分」において，場合分けの例題 8–8 として取り上げた問題です．そこでは，

$$1 \leqq a < 2 \ \text{かつ}\ 1 \leqq b < 2 \Longrightarrow (2-a)(2-b) \leqq 1$$

$$0 < a < 1 \ \text{かつ}\ 0 < b < 1 \Longrightarrow ab \leqq 1$$

が成立することは明らかなので結局，

$$0 < a < 1 \ \text{かつ}\ 1 \leqq b < 2$$

または

$$1 \leqq a < 2 \ \text{かつ}\ 0 < b < 1$$

のとき結論を示せばよいこととなりました．

第8章ではこのことを示すために「再形式化」のストラテジーを利用して，$A+B \geqq 0$ を示せば $A,\ B$ の少なくとも一方は0以上となる問題に変形して解決しました．

この考え方は問題解決において，それなりに利用される解き方です．しかし不自然に感じた読者も多かったことと思います．

形式論理を利用すると以下のように解決します．

集合の包含関係として，

$\{(a,\ b) \mid 0<a<1,\ 1 \leqq b<2$ または $1 \leqq a<2,\ 0<b<1\} \subseteqq \{(a,\ b) \mid ab \leqq 1$ または $(2-a)(2-b) \leqq 1\}$

が成立することを示せばよいこととなります．

$ab=1$ と $(a-2)(b-2)=1$ のグラフを書くと，図 14－3のようになり，包

含関係の成立することが確かめられます.

図１４－３

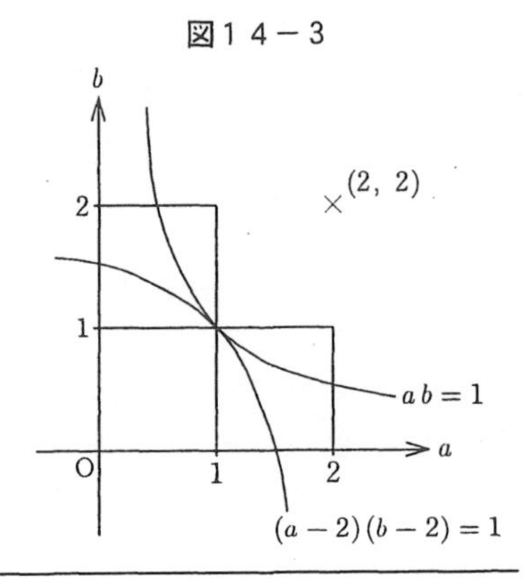

確率の問題において,「少なくとも」という事象の確率を求める場合には機械的に余事象を利用する場合が多いというのも形式処理の例と言えます.

問題 14－４

３つのさいころを同時に投げるとき,

（１） １の目が少なくとも１つ含まれる確率を求めよ.

（２） ３つの目の積が８の倍数となる確率を求めよ.

解答を付す必要はないと思いますが次のようになります.

（１） $1-\left(\dfrac{5}{6}\right)^3=\dfrac{91}{216}$

（２） 余事象即ち, ８の倍数とならない場合は次のいずれか.

（イ） ３つとも奇数

（ロ） ２つ奇数で１つ偶数

（ハ） １つ奇数で２つ偶数（ただし４を含まず）

よって, $1-\dfrac{3^3+{}_3C_2\cdot 3^2\cdot 3+{}_3C_1\cdot 3\cdot 2^2}{6^3}=\dfrac{1}{3}$

「必要性で押した後, 十分性をチェックする」という次の問題のタイプは高校数学で少々見かけるところです.

問題 14－５

$0<a\leqq b\leqq 1$ を満たす有理数 a, b に対し, $f(n)=an^3+bn$ とおく.

この $f(n)$ が次の条件を満たすような a, b の組をすべて求めよ．

「どのような整数 n に対しても $f(n)$ は整数となり，n が偶数ならば $f(n)$ も偶数となる．」

「特別な場合」を考えて答の予測をつけます．条件より $n=1, 2$ の場合が自然です．

$$f(1)=a+b\in\mathbb{Z}\quad\cdots①$$

$f(2)=8a+2b\in 2\mathbb{Z}$ より

$$4a+b\in\mathbb{Z}\quad\cdots②$$

①，②より $(4a+b)-(a+b)=3a\in\mathbb{Z}$

$$0<a\leqq 1 \text{ より } a=\frac{1}{3},\ \frac{2}{3},\ 1$$

$0<a+b\leqq 2$ および①より $a+b=1,\ 2$

$$\therefore\quad (a,\ b)=(1,\ 1),\ \left(\frac{1}{3},\ \frac{2}{3}\right)$$

となる必要がわかりました．あとは十分性のチェックをすることとなります．

［Ⅰ］ $(a,\ b)=(1,\ 1)$ のとき

$f(n)=n(n^2+1)$ より明らかに条件をみたす

［Ⅱ］ $(a,\ b)=\left(\frac{1}{3},\ \frac{2}{3}\right)$ のとき

$$f(n)=\frac{1}{3}n(n^2+2)$$

$$\begin{cases} n=3k \text{ のとき } f(n)\in\mathbb{Z} \\ n=3k\pm 1 \text{ のとき } n^2+2=3(3k^2\pm 2k+1) \text{ より } f(n)\in\mathbb{Z} \end{cases}$$

$\therefore$　任意の整数 n に対して，$f(n)$ は整数となる　$\cdots$(☆)

次に，$3f(n)=n(n^2+2)$ より，

$n=2k$　のとき　$3f(n)\in 2\mathbb{Z}$

$f(n)\in\mathbb{Z}$ より $f(n)\in 2\mathbb{Z}$ が成り立つ（(☆)の結論を利用しているわけです．）

問題 14－6

$x^2+ax+b=0$ の2実数解 $\alpha,\ \beta$ が $-2\leqq\alpha\leqq -1,\ 1\leqq\beta\leqq 2$ をみたすとき，点 $(a,\ b)$ の存在範囲を図示せよ．

この類の問題を高校生に課すと，彼らは解と係数の関係の利用にひきずられて，

$$-1 \leqq \alpha+\beta=-a \leqq 1,\quad -4 \leqq \alpha\beta=b \leqq -1$$

$$\therefore\quad -1 \leqq a \leqq 1,\quad -4 \leqq b \leqq -1$$

とすることが多いようです．

この落とし穴に陥らない方策は，論理関係に注意を払うことです．即ち，$-2 \leqq \alpha \leqq -1$，$1 \leqq \beta \leqq 2$ より導いた，$-1 \leqq \alpha+\beta \leqq 1$，$-4 \leqq \alpha\beta \leqq -1$ はもとの条件と同値ではないということです．

$f(x)=x^2+ax+b$ とおくと，もとの条件と必要十分な条件は，グラフを考えることによって，

$$f(-2) \geqq 0,\quad f(-1) \leqq 0,\quad f(1) \leqq 0,\quad f(2) \geqq 0$$

となります．

これらの条件を計算すると次のようになります．

$$\begin{cases} b \geqq 2a-4 \\ b \leqq a-1 \\ b \leqq -a-1 \\ b \geqq -2a-4 \end{cases}$$

よって求める範囲は図 14－6 になります．

図１４－６

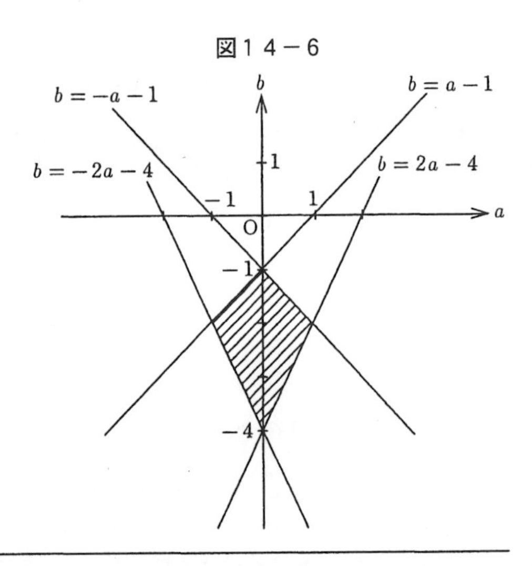

問題 14－７

m, n を正の整数とする．x についての２次方程式

$$12x^2-mx+n=0$$

の２つの実数解を小数第２位で四捨五入して 0.3 および 0.7 を得た．m, n の値をそれぞれ求めよ．

前問の考え方を少し複雑に利用する問題です．

２実数解をα, βとおくと，条件より

$$\begin{cases} 0.25 \leqq \alpha < 0.35 \\ 0.65 \leqq \beta < 0.75 \end{cases} \quad \cdots①$$

$f(x)=12x^2-mx+n$とおくと，①の必要十分条件は次の通りです．

$$f(0.25) \geqq 0, \quad f(0.35)<0, \quad f(0.65) \leqq 0, \quad f(0.75)>0$$

計算すると次のようになります．

$$\begin{cases} n \geqq 0.25m-0.75 \\ n < 0.35m-1.47 \\ n \leqq 0.65m-5.07 \\ n > 0.75m-6.75 \end{cases} \quad \cdots②$$

条件②を図示して条件をみたすm, nを見つける気は起こりません．

解と係数の関係を利用して必要条件を求めて解の候補を絞り込むこととします．

①より$0.9 \leqq \alpha+\beta=\dfrac{m}{12}<1.1$

$\therefore \quad 10.8 \leqq m < 13.2$

$\therefore \quad m=11,\ 12,\ 13$

（$0.1625 \leqq \alpha\beta=\dfrac{n}{12}<0.2625$より$n=2,\ 3$となりますが，結果的には利用する必要はありません．）

各々を②に代入すると次のようになります．

（i）$m=11$のとき

$$n \geqq 2, \quad n<2.38, \quad n \leqq 2.08, \quad n>1.5$$

（ii）$m=12$のとき

$$n \geqq 2.25, \quad n<2.73, \quad n \leqq 2.73, \quad n>2.25$$

（iii）$m=13$のとき

$$n \geqq 2.5, \quad n<3.08, \quad n \leqq 3.38, \quad n>3$$

よって（i）より$m=11$, $n=2$と求まります．

必要条件および必要十分条件を使い分けて利用したのです．

問題 14－8

n 個 $(n=1, 2, 3, \cdots)$ の箱があって k 番目の箱には赤球が k 個 $(k=1, 2, 3, \cdots, n)$，白球が $(n-k)$ 個入っている．この n 個の箱から無作為に1つの箱を選び，その箱から無作為に1個ずつ復元抽出法（取り出した球をもとにもどしてから次の球を抽出していくこと）により $(a+1)$ 個 $(a=1, 2, 3, \cdots)$ の球を取り出す．

初めに取り出した a 個の球がすべて赤球となったとき，$(a+1)$ 回目に取り出した球が赤球となる条件付き確率を P_n とする．

$\lim_{n\to\infty} P_n$ を求めよ．

条件付き確率は第2章，問題2－14，2－15，2－16において取り上げました．

そこでは図を利用して視覚的に考える方法を解説しました．

条件付き確率の問題のもう一つの考え方は，事象を適当に記号化して定義式にもとづいて機械的，形式的に計算することです．

初めに取り出した a 個の球がすべて赤球である事象を E,

$(a+1)$ 回目に取り出した球が赤球である事象を F とおきますと，

$$P_n = P_E(F)$$

となります．確率の乗法定理より，

$$P_n = P_E(F) = \frac{P(E \cap F)}{P(E)}$$

です．あとは $P(E)$，$P(E \cap F)$ を計算すればよいわけです．

$P(E)$ は事象Eの起こる場合を丹念に調べることにより次のようになります．

k 番目の箱を選び，取り出した a 個すべて赤球となる事象を E_k とおくと，

$$P(E) = \sum_{k=1}^{n} P(E_k) = \sum_{k=1}^{n} \frac{1}{n}\left(\frac{k}{n}\right)^a$$

となります．$P(E \cap F)$ も同様に考えることにより次のようになります．

$$P(E \cap F) = \sum_{k=1}^{n} \frac{1}{n}\left(\frac{k}{n}\right)^{a+1}$$

したがって，$P_n = \dfrac{\dfrac{1}{n}\displaystyle\sum_{k=1}^{n}\left(\dfrac{k}{n}\right)^{a+1}}{\dfrac{1}{n}\displaystyle\sum_{k=1}^{n}\left(\dfrac{k}{n}\right)^{a}}$

「定積分と区分求積」の知識を利用して答は次のようになります．

$$\lim_{n\to\infty} P_n = \frac{\int_0^1 x^{a+1}dx}{\int_0^1 x^a dx} = \frac{a+1}{a+2}$$

「論理的思考」は典型的には形式論理を利用して形式的に処理する考え方を表現するストラテジーです．

「論理的思考」はその他に，様々な数学的論法を利用する考え方も包含しています．以下において取り上げることにします．

問題 14－9

$$y = x^{n-1}\log x$$

の第 n 次導関数を求めよ．

次に示すような関数列を書き下すことによって，「カントールの対角線論法」を思い出すならば，対角成分に着目するという教訓を利用することによって以下のような解決となります．

$f_n(x) = x^{n-1}\log x$

とおくと，$f_n^{(n)}(x)$ を求めることです．

関数列

$$\begin{array}{ccccccc}
f_1^{(1)} & f_1^{(2)} & f_1^{(3)} & \cdot & \cdot & \cdot & \cdot \\
f_2^{(1)} & f_2^{(2)} & f_2^{(3)} & \cdot & \cdot & \cdot & \cdot \\
f_3^{(1)} & f_3^{(2)} & f_3^{(3)} & \cdot & \cdot & \cdot & \cdot \\
\cdot & \cdot & \cdot & \cdot & \cdot & \cdot & \cdot \\
\cdot & \cdot & \cdot & \cdot & \cdot & \cdot & \cdot \\
f_n^{(1)} & f_n^{(2)} & f_n^{(3)} & \cdot & \cdot & f_n^{(n)} & \cdot
\end{array}$$

を考えて，その対角成分に着目します.

あとは第 3 章で解説した「帰納的思考」を利用して $f_1^{(1)}$, $f_2^{(2)}$, … より $f_n^{(n)}(x)$ を推定し，数学的帰納法により証明すればよいのです.

$$f_1(x) = \log x,\quad f_1^{(1)}(x) = \frac{1}{x}$$

$$f_2(x) = x\log x,\quad f_2^{(1)}(x) = \log x + 1,\quad f_2^{(2)}(x) = \frac{1}{x}$$

$$f_3(x) = x^2\log x,\quad f_3^{(1)}(x) = 2x\log x + x,$$

$$f_3^{(2)}(x) = 2\log x + 3,\quad f_3^{(3)}(x) = \frac{2}{x}$$

$f_4(x) = x^3\log x$ より，同様に計算して，

$$f_4^{(4)}(x) = \frac{3\cdot 2}{x}$$

そこで $f_n^{(n)}(x) = \dfrac{(n-1)!}{x}$ と推定できます.

帰納法による証明の StepⅡは，対角成分に着目することにより，以下のようになります.

（Ⅱ） $f_k^{(k)}(x) = \dfrac{(k-1)!}{x}$ を仮定して，

$f_{k+1}^{(k+1)}(x) = \dfrac{k!}{x}$ を示せばよい.

$f_{k+1}(x) = x^k\log x$ より

$$f_{k+1}^{(1)}(x) = kx^{k-1}\log x + x^{k-1} = kf_k(x) + x^{k-1}$$

$$\begin{aligned} f_{k+1}^{(k+1)}(x) &= \frac{d^k}{dx^k}\, f_{k+1}^{(1)}(x) \\ &= \frac{d^k}{dx^k}\left(kf_k(x) + x^{k-1}\right) \\ &= k\cdot\frac{(k-1)!}{x} \quad \text{（帰納法の仮定）} \\ &= \frac{k!}{x} \end{aligned}$$

そこで数学的帰納法により，

$$y^{(n)} = \frac{(n-1)!}{x}$$

となります.

問題 14－10

a, b, c は次の等式をみたす整数とする．

$$a^3+2b^3+4c^3=2abc \quad \cdots(*)$$

このとき，$a=b=c=0$ であることを示せ．

この類の問題では無限降下列(infinite descent)の論法を利用します．具体的な内容は次の通りです．

条件式より直ちに a が偶数であることが読みとれます．

$a=2a_1$ とおいて（＊）に代入し，２でわると，

$$b^3+2c^3+4a_1^3=2a_1bc$$

となります．同様にして b は偶数と読みとれます．

$b=2b_1$ とおき代入することで，c は偶数とわかります．

$c=2c_1$ とおき代入することで，改めて

$$a_1^3+2b_1^3+4c_1^3=2a_1b_1c_1$$

となります．始めと同じ形の式となりました．

同様の議論を繰り返すことにより，a, b, c は何回も２でわることができる整数とわかりました．

よって $a=b=c=0$ が成立します．

この論法は問題８－９において既に利用したところです．また問題８－３においても別解として利用できます．

問題 14－11

$$x^2+y^2=3(z^2+u^2) \quad \cdots(*)$$

をみたす自然数 x, y, z, u は存在しないことを示せ．

前問と同様の論法で示せばよいのです．

$x=3k\pm1$ のとき $x^2=3(3k^2\pm2k)+1$ です．

そこで x^2+y^2 が３の倍数より，x, y は３の倍数，即ち，

$$x=3x_1,\quad y=3y_1$$

となります．（＊）に代入して３でわると，

$$z^2+u^2=3(x^2+y^2)$$

となります．同様にして，

$$z=3z_1,\quad u=3u_1$$

です．代入して３でわることで改めて，

$$x_1^2+y_1^2=3(z_1^2+u_1^2)$$

となります．

結局，x, y, z, u は何回も３でわることのできる自然数となり，（＊）をみたす自然数の組 x, y, z, u が存在しないことが示せました．

最後に「ディリクレの部屋割り論法」を取り上げます．

ディリクレの部屋割り論法とは次の原理のことです．

「$n>k$ のとき，n 個のものを k 分割すると，どれかには必ず２個以上のものが含まれる．」

要するに，k 室のホテルに $n(>k)$ 人宿泊すれば必ず相部屋の人が出てくるということです．

問題 14－12

52 個の自然数をどのように選ぼうとも，その和か差が 100 で割り切れる２数が必ず存在することを証明せよ．

問題 14－13

１から 100 までの 100 個の自然数より 55 個の自然数を選ぶならば，その差が９となる２数が必ず含まれることを証明せよ．

（問題 14－12 の解）

条件をみたさないように 52 個選ぶことを考えます．

差が 100 で割り切れないためには，100 で割った余りが０から 99 まで 100

種類より相異なる52種類の数を選ぶこととなります. 一方和が100で割り切れないためには100で割った余りが1と99，2と98，3と97，…，49と51，以上の49のペアのいずれかと余りが0と50，合計51種類の数から1つずつ選ぶ必要があります.

部屋割り論法により，条件をみたさないように52個の数を選ぶことは不可能です．よって結論が示されました.

（問題14－13の解）

9の剰余類を考えると9種類なので，部屋割り論法により，55個のうち少なくとも7個は同じ剰余類に属することとなります.（すべて6個以下とすると$6\times9=54$個にしかなりません.）それらを，$a_1<a_2<a_3<a_4<a_5<a_6<a_7$とおきます．同じ剰余類に属することより，

$$a_{k+1}-a_k=9n,\quad n\in\mathbb{N}$$

となります.

いますべての$k(1\leqq k\leqq 6)$に対して，

$$a_{k+1}-a_k\geqq 18\quad（即ち\ a_{k+1}-a_k\ \neq 9）$$

と仮定しますと，

$$a_7-a_1\geqq 18\times6=108$$

となります．これは$a_7-a_1<100$に矛盾します.

よって結論が証明されました.

このようにディリクレの部屋割り論法はその原理の性格上および由来より，整数の問題，有限集合における存在証明において利用されることの多い論法です.

問題14－14

1から$2n$までの$2n$個の自然数より選んだ$n+1$個の自然数の集合を考える.

この集合の少なくとも1つの要素は集合の他の要素の約数となっていることを証明せよ.

$2n$ 個より $n+1$ 個の数を選んでいるのですから，偶奇に着目することとなります．

集合の要素を $x_k (1 \leqq k \leqq n+1)$ とおくとき，各 x_k に対して 2 の素因数分解を考えて次のようにおきます．

$$x_k = 2^{n_k} y_k$$

ここで n_k は非負整数，y_k は $2n$ 以下の奇数です．

$2n$ 以下の奇数は n 個，一方 y_k は $n+1$ 個ありますから，部屋割り論法によって，$1 \leqq i < j \leqq n+1$ で $y_i = y_j$ となる $x_i = 2^{n_i} y_i$ と $x_j = 2^{n_j} y_j$ が存在します．

$$\left.\begin{array}{l} n_i < n_j \text{ のとき } x_i \text{ は } x_j \text{ の約数} \\ n_i > n_j \text{ のとき } x_j \text{ は } x_i \text{ の約数} \end{array}\right\} \text{となり結論が示されました．}$$

大学入試においては，次のように，部屋割り論法を変形して利用する類題が登場します．

問題 14—15

1 より大きい相異なる n 個 $(n \geqq 3)$ の数の集合

$M = \{a_1, a_2, \cdots, a_n\}$ が

「M の相異なる要素 a_i, a_j について，$a_i \div a_j$ か $a_j \div a_i$

の一方が必ず M に属する」

という性質をもつ．このとき，$a_1, a_2, \cdots, a_n$ の順序を適当にかえると等比数列になることを示せ．

$1 < a_1 < a_2 < \cdots < a_n$ とおきます．

$\dfrac{a_1}{a_k} < 1$ より $\dfrac{a_k}{a_1} \in M$ となります．

ゆえに異なる $n-1$ 個の正の数

$$\frac{a_2}{a_1},\ \frac{a_3}{a_1},\ \cdots,\ \frac{a_n}{a_1}$$

は M の要素で，$a_1 > 1$ より

$$1 < \frac{a_2}{a_1} < \frac{a_3}{a_1} < \cdots < \frac{a_n}{a_1} < a_n$$

をみたします.

従って，部屋割り論法により，

$$\frac{a_2}{a_1}=a_1,\ \frac{a_3}{a_1}=a_2,\ \cdots,\ \frac{a_n}{a_1}=a_{n-1}$$

即ち，数列$\{a_n\}$は初項a_1，公比a_1の等比数列となります.

次の例も部屋割り論法と同じ考え方と言えます.

問題 14－16

$F(x)$は整数を係数とする多項式で次の条件をみたすものとする.

ある自然数kが存在して，$F(1)$，$F(2)$，$\cdots$，$F(k)$のいずれもkで割り切れない.

このとき，$F(x)=0$は整数解をもたないことを証明せよ.

第11章において，対偶を利用する間接証明の問題11－8として取り上げた問題です.

kの剰余類に着目すると，以下のように直接証明できることとなります.

$F(x)$は整数係数の多項式なので，

$$a\equiv b\ (\mathrm{mod}.k)\Longrightarrow F(a)\equiv F(b)\ (\mathrm{mod}.k)$$

が成立します.

1, 2, $\cdots$, kは，kの相異なるすべての剰余類を代表しますので，任意の整数nに対して，あるi, $1\leqq i\leqq k$が存在して，

$$n\equiv i\ (\mathrm{mod}.k)$$

となります.

ゆえに$F(n)\equiv F(i)\ (\mathrm{mod}.k)$が成立します.

仮定より$F(i)\not\equiv 0\ (\mathrm{mod}.k)$

よって$F(n)\not\equiv 0\ (\mathrm{mod}.k)$となり，$F(n)\neq 0$が示されました.

大学入試においては問題14－15の他にこのタイプの類題が登場します.

話題を本筋に戻し，部屋割り論法を利用する典型例を取り上げることとします.

問題 14－17

α を実数とするとき，任意の自然数 N に対し，

$$|b\alpha - a| < \frac{1}{N},\quad 0 < b \leqq N$$

をみたす整数 a, b が存在することを証明せよ．

$N+1$ 個の実数 $k\alpha$ $(k=0,\ 1,\ 2,\ \cdots,\ N)$ を考え，

$$[k\alpha] = a_k \quad ([\quad] \text{ はガウス記号})$$

とおく．このとき，

$$0 \leqq k\alpha - a_k < 1$$

が成立する．

区間 $[0,\ 1)$ を N 等分した区間 $\left[0,\ \frac{1}{N}\right),\ \left[\frac{1}{N},\ \frac{2}{N}\right),\ \cdots,\ \left[\frac{N-1}{N},\ 1\right)$ を考えると，部屋割り論法によって，同じ区間に存在する $k\alpha - a_k,\ l\alpha - a_l$ が存在する．即ち，

$$|(k\alpha - a_k) - (l\alpha - a_l)| < \frac{1}{N},\ 0 \leqq l < k \leqq N$$

となる k, l が存在する．

この k, l に対して，$a = a_k - a_l,\ b = k - l$ とおくと，

$$|b\alpha - a| < \frac{1}{N}$$

となり，$0 < b \leqq N$ もO. K. である．

この例題のように，ある区間を等分して少なくとも２つが同じ区間に属する，という形で部屋割り論法を利用する例は多いです．

いよいよ本書としては最後の例題です．

問題 14－18

任意に7つの実数 $y_1, y_2, \cdots, y_7$ を選ぶと必ず次の不等式をみたす y_k, y_l が存在することを証明せよ.

$$0 \leqq \frac{y_l - y_k}{1 + y_l y_k} \leqq \frac{1}{\sqrt{3}} \quad \cdots (*)$$

問題文がシンプルなのに比して，結論はオヤと思わせるものがあります.

結論の式(＊)にヒントがあります. $0, \dfrac{1}{\sqrt{3}}, \dfrac{y_l - y_k}{1 + y_l y_k}$ より，tan および tan の加法定理を思い付くことです.

$0 = \tan 0, \ \dfrac{1}{\sqrt{3}} = \tan \dfrac{\pi}{6}$

また $y_k = \tan x_k$, $y_l = \tan x_l$ とおくと，$\tan(x_l - x_k) = \dfrac{y_l - y_k}{1 + y_l y_k}$ となります.

よって結論の式（＊）

$\Longleftrightarrow \tan 0 \leqq \tan(x_l - x_k) \leqq \tan \dfrac{\pi}{6}$

です.

$\tan x$ のグラフは単調増加ですから結局,

$$0 \leqq x_l - x_k \leqq \frac{\pi}{6}$$

となる y_l, y_k が存在することを示せばよいこととなりました.

有限集合における存在証明ですから，部屋割り論法を利用します.

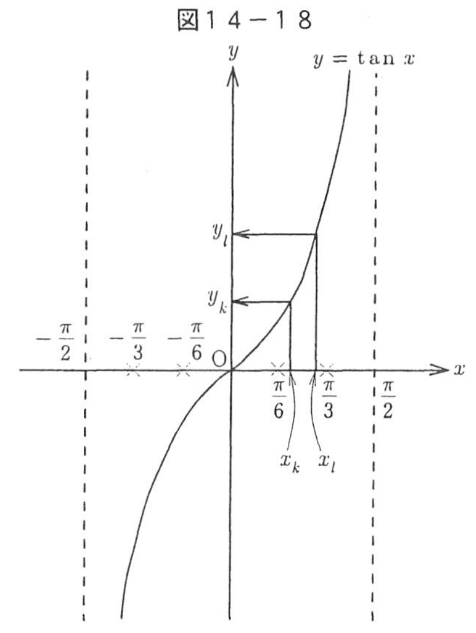

図 14－18 のように区間$\left(\dfrac{-\pi}{2}, \dfrac{\pi}{2}\right)$を $\dfrac{\pi}{6}$ の巾で6等分します．部屋割り論法によって，7つの実数 $y_1, y_2, \cdots, y_7$ の中に，同じ区間に x_k, x_l が存在するような y_k, y_l が存在することとなります. $y_k < y_l$ として,

$$0 \leqq x_l - x_k \leqq \frac{\pi}{6}$$

が成り立ちます.

よって証明が完結しました.

第15章　演習題

数学をする(do)ことに関心のある読者のために，当章に演習題を23問，提示します．うしろの appendix Dに簡単なヒントあるいは略解を付しています．

なお問題の配列は本書の内容の順番には従っていません．筆者の価値判断のもと，易から難へと配列しました．

問題 15－1

数字が1から n まで1つずつ書いてある n 個の球が袋の中に入っている．この袋から1球取り出し数字を記録し，それをもとに戻す．

この操作を3回くり返した時，3つの数字の和が3で割り切れる確率は $\frac{1}{4}$ 以上であることを示せ．

問題 15－2

$$S = 1 + \frac{1}{\sqrt{2}} + \cdots + \frac{1}{\sqrt{100}}$$

の整数部分を求めよ．

問題 15－3

n を自然数とする．数値線上で点 $\frac{1}{2^{n+2}}$ と点 $\frac{1}{n(n+1)}$ を両端とする線分を A_n とする．

線分 $A_n \cap A_{n+1}$ の長さを d_n とするとき，$\sum_{n=1}^{\infty} d_n$ を求めよ．

問題 15－4

原点 O を通る直線が球面 $S : (x-2)^2 + y^2 + (z-1)^2 = 4$ と接する点の軌跡

を A とする．A の xy 平面への正射影 A'，および xz 平面への正射影 A'' を求めよ．

問題 15－5

等差数列1, 4, 7, …, 100 より自由に 20 個の整数を選ぶものとする．

このとき，その和が 104 となる２数が必ず存在することを証明せよ．

問題 15－6

xy 座標平面上において，曲線 $y = x^2$ の上に異なる３点 A, B, C があって，直線 AB, BC はともに曲線 $y = \dfrac{1}{4}x^2 + 1$ に接している．

このとき，直線 CA も曲線 $y = \dfrac{1}{4}x^2 + 1$ に接していることを示せ．

問題 15－7

n を３以上の整数として $(n-1)$ 個の分数，

$$\frac{1}{n},\ \frac{2}{n},\ \frac{3}{n},\ \cdots,\ \frac{n-1}{n}$$

を考える．

この中に含まれる既約分数は必ず偶数個となることを示せ．

問題 15－8

整数 a, b を係数とする２次式

$$f(x) = x^2 + ax + b$$

を考える．$f(\alpha) = 0$ となるような有理数 α が存在するとき，次のことを証明せよ．

任意の整数 l と任意の自然数 n に対して，n 個の整数

$$f(l),\ f(l+1),\ \cdots,\ f(l+n-1)$$

のうち少なくとも１つは n で割り切れる．

問題 15－9

定数 a, b が異なる正の数のとき，

$$\frac{a+b}{2} > \frac{a-b}{\log a - \log b} > \sqrt{ab}$$

を証明せよ．

問題 15－10

行列 $A = \begin{pmatrix} a & b \\ c & d \end{pmatrix}$ が表す xy 平面の１次変換 f が，次の条件（ｉ），（ⅱ）をみたすものとする．

（ｉ） 任意の三角形をそれと相似な三角形にうつす．

（ⅱ） 点 $\mathrm{P}(1,\ \sqrt{3})$ を点 $\mathrm{P}'(-2,\ 2\sqrt{3})$ にうつす．

このような行列 A をすべて求めよ．

問題 15－11

不等式 $abc \leqq bc + ca + ab + 1$ をみたす３つの異なる２以上の自然数 a, b, c からなる組をすべて求めよ．

問題 15－12

$2^8 + 2^{11} + 2^n$

が平方数となるような自然数 n が唯一存在することを示し，かつその値を求めよ．

問題 15－13

$f(x) = \tan x$ とする．このとき，$n \geqq 0$ をみたす，すべての整数 n に対して，$f^{(n)}(0) \geqq 0$ が成り立つことを示せ．

問題 15－14

x, y, z は $x^2 + y^2 + z^2 + 2xyz = 1$ をみたす実数とする．このとき，

$$x^2 + y^2 + z^2 \geqq \frac{3}{4}$$

が成り立つことを証明せよ．

問題 15－15

正三角形ABCの内部の点Pについて，$PA = 4$, $PB = 3$, $PC = 5$とする．このとき正三角形の一辺の長さを求めよ．

問題 15－16

1から99までの自然数より勝手に選んだ10個の自然数による集合をAとする．Aの部分集合について，

要素の和が等しくかつ共通部分が空集合

となる2つの部分集合が存在することを証明せよ．

問題 15－17

aを正の整数とし，数列$\{u_n\}$を次のように定める．

$$\begin{cases} u_1 = 2,\ u_2 = a^2 + 2 \\ u_n = au_{n-2} - u_{n-1}\ (n \geqq 3) \end{cases}$$

このとき，数列$\{u_n\}$の項に4の倍数が現れないために，aのみたすべき必要十分条件を求めよ．

問題 15－18

kを自然数として，$n = 2^{k-1}$とおく．

$(2n-1)$個の自然数より，その和がnによって割り切れるn個の自然数を選ぶことができることを証明せよ．

問題 15－19

数列$\{a_n\}$を次のように定める．

$$a_0 = 3,\ a_1 = a_0 + 2,\ \cdots,\ a_n = a_0 \cdot a_1 \cdot \cdots \cdot a_{n-1} + 2$$

このとき$a_n = 2^{2^n} + 1$となることを示せ．

問題 15－20

0 と異なる n 個の実数 x_1, $\cdots$, x_n について，$x_1+\cdots+x_n=0$ とする．ただし $n \geqq 2$ である．

このとき次の条件をみたす x_i, x_j が存在することを示せ．

$$\frac{1}{2} \leqq \left|\frac{x_i}{x_j}\right| \leqq 2,\ \ 1 \leqq i < j \leqq n$$

問題 15－21

実数 u, v は次の条件をみたすものとする．

$$u+u^2+\cdots+u^8+10u^9=v+v^2+\cdots+v^{10}+10v^{11}=8$$

このとき，u と v の大小関係を判定せよ．

問題 15－22

任意の自然数 n に対して，$(\sqrt{2}-1)^n$ は適当な自然数 N により，

$$(\sqrt{2}-1)^n=\sqrt{N}-\sqrt{N-1}$$

となることを証明せよ．

問題 15－23

$\triangle$ABC の傍心を $\mathrm{I_A}$, $\mathrm{I_B}$, $\mathrm{I_C}$ とする．$\triangle$ABC の内接円の半径を r とするとき，$\triangle \mathrm{I_A I_B I_C}$ の面積について，次の関係式が成り立つことを証明せよ．

$$\triangle \mathrm{I_A I_B I_C}=\frac{abc}{2r}$$

Appendix　A

問題6－2，6－5，6－19と一般化に関連して，n個の相加相乗平均の不等式を取り上げた．

ここでは，高校段階で取り上げられる，この不等式の証明にふれておく．

［方法Ⅰ］

2数の不等式，$\dfrac{a_1+a_2}{2} \geqq \sqrt{a_1a_2}$ より，4数の不等式を導くことができる．即ち，

$$\frac{a_1+a_2+a_3+a_4}{4} = \frac{\dfrac{a_1+a_2}{2}+\dfrac{a_3+a_4}{2}}{2}$$

$$\geqq \frac{\sqrt{a_1a_2}+\sqrt{a_3a_4}}{2}$$

$$\geqq \sqrt{\sqrt{a_1a_2}\sqrt{a_3a_4}} = \sqrt[4]{a_1a_2a_3a_4}.$$

以下同様にして，数学的帰納法によって，$n=2^k$ のとき，不等式の成立が示せることとなる．なぜならば，$2n=2^{k+1}$ のとき，

$$\frac{a_1+\cdots+a_n+a_{n+1}+\cdots+a_{2n}}{2n}$$

$$= \frac{\dfrac{a_1+\cdots+a_n}{n}+\dfrac{a_{n+1}+\cdots+a_{2n}}{n}}{2}$$

$$\geqq \frac{\sqrt[n]{a_1\cdot\cdots\cdot a_n}+\sqrt[n]{a_{n+1}\cdot\cdots\cdot a_{2n}}}{2} \quad \text{（帰納法の仮定）}$$

$$\geqq \sqrt{\sqrt[n]{a_1\cdot\cdots\cdot a_n}\sqrt[n]{a_{n+1}\cdot\cdots\cdot a_{2n}}} = \sqrt[2n]{a_1\cdot\cdots\cdot a_n\cdot a_{n+1}\cdot\cdots\cdot a_{2n}}$$

となるからである．

一方以下のようにして，n 個の不等式より $(n-1)$ 個の不等式を導くことができる．

$$\frac{a_1+\cdots+a_{n-1}+a_n}{n} \geqq \sqrt[n]{a_1\cdot\cdots\cdot a_{n-1}\cdot a_n}$$

において，$a_n=\dfrac{a_1+\cdots+a_{n-1}}{n-1}$ とおくと，

$$\frac{a_1+\cdots+a_{n-1}+\dfrac{a_1+\cdots+a_{n-1}}{n-1}}{n} \geqq \sqrt[n]{a_1\cdot\cdots\cdot a_{n-1}}\sqrt[n]{\frac{a_1+\cdots+a_{n-1}}{n-1}}$$ より，

$$\frac{a_1+\cdots+a_{n-1}}{n-1} \geqq \sqrt[n]{a_1\cdot\cdots\cdot a_{n-1}}\sqrt[n]{\frac{a_1+\cdots+a_{n-1}}{n-1}}$$

両辺を n 乗して，$\dfrac{a_1+\cdots+a_{n-1}}{n-1}$ でわり，改めて両辺の $(n-1)$ 乗根をとると，

$$\frac{a_1+\cdots+a_{n-1}}{n-1} \geqq \sqrt[n-1]{a_1\cdot\cdots\cdot a_{n-1}}.$$

ところで一般に任意の自然数 n は，

$$2^{k-1} < n \leqq 2^k$$

と評価できる．そこで上記の二つをあわせることによって，任意の n に対して不等式の成立が示せたのである．

［方法Ⅱ］

$y=\log x$ のように，$f''(x)<0$ 即ち上に凸な関数に関しては次の不等式が成立する．

$$f\left(\frac{x_1+x_2+\cdots+x_n}{n}\right) \geqq \frac{f(x_1)+f(x_2)+\cdots+f(x_n)}{n} \qquad \cdots(*)$$

なぜならば，上に凸であることより，

$p,\ q \geqq 0,\ p+q=1$ のとき，

$$f(p\alpha+q\beta) \geqq pf(\alpha)+qf(\beta) \qquad \cdots(☆)$$

が成り立ちます．（図A参照）

図A

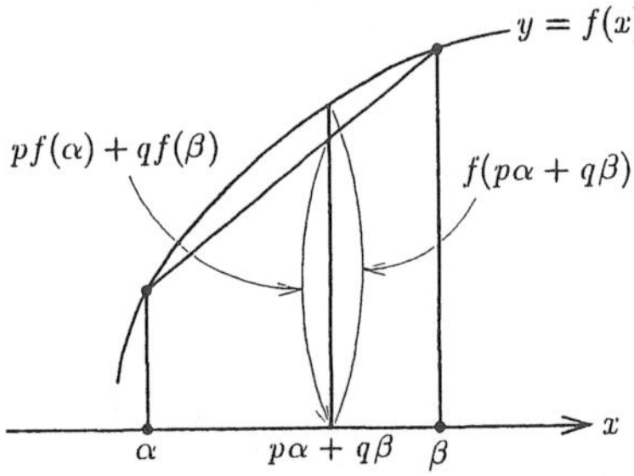

特に $p=q=\dfrac{1}{2}$，$\alpha=x_1$，$\beta=x_2$ とおくことにより，$n=2$ のとき，（$*$）の不等式が成立する．

帰納法の StepⅡは次のようになる．

$$\begin{aligned}
&f\left(\frac{x_1+\cdots+x_{n-1}+x_n}{n}\right)\\
&=f\left(\frac{n-1}{n}\cdot\frac{x_1+\cdots+x_{n-1}}{n-1}+\frac{1}{n}x_n\right)\\
&\geqq \frac{n-1}{n}f\left(\frac{x_1+\cdots+x_{n-1}}{n-1}\right)+\frac{1}{n}f(x_n) \qquad (\because\ (☆))\\
&\geqq \frac{n-1}{n}\cdot\frac{f(x_1)+\cdots+f(x_{n-1})}{n-1}+\frac{1}{n}f(x_n) \qquad (\text{帰納法の仮定})\\
&=\frac{f(x_1)+\cdots+f(x_{n-1})+f(x_n)}{n}
\end{aligned}$$

そこで特に，$f(x)=\log x$ とおくことによって，

$$\log\left(\frac{x_1+\cdots+x_{n-1}+x_n}{n}\right) \geqq \frac{\log x_1+\cdots+\log x_{n-1}+\log x_n}{n}$$
$$= \frac{1}{n}\log(x_1\cdot\cdots\cdot x_{n-1}\cdot x_n)$$
$$= \log(x_1\cdot\cdots\cdot x_{n-1}\cdot x_n)^{\frac{1}{n}}$$

よって，$\dfrac{x_1+\cdots+x_{n-1}x_n}{n} \geqq \sqrt[n]{x_1\cdot\cdots\cdot x_{n-1}\cdot x_n}$

が導かれる．

Appendix　B

数学的帰納法による証明は第３章を中心として，いろいろな所で利用してきた.

ここでは高校数学において登場する，StepⅡの様々なバリエーションをまとめておく．これらは本書において利用されたところでもある.

［１］累積型

StepⅠで$n=1$のときを証明し，StepⅡでは$n \leqq k-1$のときの成立を仮定して，$n=k$のときの成立を示すタイプで，人生帰納法と呼ばれることもある.

問題Ｂ－１

$k=1, 2, 3, \cdots$に対して$S_{k,\ n}$を次のように定義する.

$$S_{k,\ n}=1^k+2^k+\cdots+n^k$$

このとき，$S_{k,\ n}$はnの$(k+1)$次式の整数となり，n^{k+1}の係数が$\dfrac{1}{k+1}$となることを証明せよ.

［Ⅰ］$k=1$のとき

$S_{1,\ n}=1+2+\cdots+n=\dfrac{n(n+1)}{2}=\dfrac{1}{2}n^2+\dfrac{1}{2}n$より成立.

［Ⅱ］$k \leqq t-1$のとき成立と仮定する.

$$(a+1)^m={}_m\mathrm{C}_0a^m+{}_m\mathrm{C}_1a^{m-1}+\cdots+{}_m\mathrm{C}_ma^0$$

において，$m=t+1,\ a=n,\ n-1,\ \cdots,\ 1$とおく.

$$\begin{aligned}
(n+1)^{t+1} &= n^{t+1} + {}_{t+1}\mathrm{C}_1n^t+\cdots\cdots\cdots+{}_{t+1}\mathrm{C}_{t+1}n^0\\
n^{t+1} &= (n-1)^{t+1}+{}_{t+1}\mathrm{C}_1(n-1)^t+\cdots+{}_{t+1}\mathrm{C}_{t+1}(n-1)^0\\
(n-1)^{t+1} &= (n-2)^{t+1}+{}_{t+1}\mathrm{C}_1(n-2)^t+\cdots+{}_{t+1}\mathrm{C}_{t+1}(n-2)^0\\
&\ \ \vdots \qquad\qquad\qquad \vdots \qquad\qquad\qquad \vdots\\
2^{t+1} &= 1^{t+1}+{}_{t+1}\mathrm{C}_11^t+\cdots\cdots\cdots+{}_{t+1}\mathrm{C}_{t+1}\cdot 1^0
\end{aligned}$$

辺々を加えることにより，

$$(n+1)^{t+1} = 1^{t+1} + {}_{t+1}\mathrm{C}_1 S_{t,\ n} + \cdots + {}_{t+1}\mathrm{C}_{t+1} \cdot S_{0,\ n}$$

$$\therefore \quad S_{t,\ n} = \frac{1}{t+1}\{(n+1)^{t+1} - {}_{t+1}\mathrm{C}_2 S_{t-1,\ n} - {}_{t+1}\mathrm{C}_3 S_{t-2,\ n} - \cdots - {}_{t+1}\mathrm{C}_{t+1} \cdot S_{0,\ n} - 1\}$$

帰納法の仮定により，$S_{t-1,\ n}$，$S_{t-2,\ n}$，$\cdots$，$S_{1,\ n}$ は順に，n の t，$t-1$，$\cdots$，２次式．

$S_{0,\ n} = n$．

また $(n+1)^{t+1} = n^{t+1} + {}_{t+1}\mathrm{C}_1 n^t + \cdots + 1$．

$$\therefore \quad S_{t,\ n} = \frac{1}{t+1} n^{t+1} + \cdots$$

となり $k = t$ のとき成立する．

［Ⅰ］，［Ⅱ］より証明された．

［２］ $n = k-1,\ k$ 型

StepⅠでは $n = 1,\ 2$ のときを証明し，StepⅡでは $n = k-1,\ k$ のときの成立を仮定して，$n = k+1$ のときの成立を示すタイプである．高校数学において結構，登場するタイプであり，オトトイキノウ法と呼ばれることもある．

問題Ｂ－２

同じ大きさの正方形のタイルが白，黒２種類ある．これらを合わせて n 個用いて横に並べるときの場合の数を a_n とする．ただし，左端は白で，かつ黒のタイルは隣り合わないこととする．

$$a_n = a_{n-1} + a_{n-2} \quad (n \geqq 3)$$

の漸化式が成り立つことを利用して，

$$a_n = \frac{1}{\sqrt{5}}\left\{\left(\frac{1+\sqrt{5}}{2}\right)^{n+1} - \left(\frac{1-\sqrt{5}}{2}\right)^{n+1}\right\}$$

となることを証明せよ．

a_{n-1} の各場合に対して，その右端に n 番目の白タイルを並べることができる．右端の n 番目に黒タイルを並べることのできるのは，$n-1$ 番目が白タイルのときであり，それは $n-2$ 枚のタイルの並べ方 a_{n-2} に等しい．

したがって，$a_n = a_{n-1} + a_{n-2}$ が成立する．

［Ⅰ］ $n=1,\ 2$ のとき

$a_1 = 1$ □

$a_2 = 2$ □□ □■

一方，$a_1 = \dfrac{1}{\sqrt{5}}\left\{\left(\dfrac{1+\sqrt{5}}{2}\right)^2 - \left(\dfrac{1-\sqrt{5}}{2}\right)^2\right\} = \dfrac{1}{\sqrt{5}}\cdot\sqrt{5} = 1$

$$a_2 = \frac{1}{\sqrt{5}}\left\{\left(\frac{1+\sqrt{5}}{2}\right)^3 - \left(\frac{1-\sqrt{5}}{2}\right)^3\right\} = \frac{1}{\sqrt{5}}\cdot 2\sqrt{5} = 2$$

よって成立する．

［Ⅱ］ $n=k,\ k-1$ のとき成立と仮定．

$$\begin{aligned}
a_{k+1} &= a_k + a_{k-1} \\
&= \frac{1}{\sqrt{5}}\left[\left\{\left(\frac{1+\sqrt{5}}{2}\right)^{k+1} - \left(\frac{1-\sqrt{5}}{2}\right)^{k+1}\right\} + \left\{\left(\frac{1+\sqrt{5}}{2}\right)^{k} - \left(\frac{1-\sqrt{5}}{2}\right)^{k}\right\}\right] \\
&= \frac{1}{\sqrt{5}}\left[\left\{\left(\frac{1+\sqrt{5}}{2}\right)^{k+1} + \left(\frac{1+\sqrt{5}}{2}\right)^{k}\right\} - \left\{\left(\frac{1-\sqrt{5}}{2}\right)^{k+1} + \left(\frac{1-\sqrt{5}}{2}\right)^{k}\right\}\right] \\
&= \frac{1}{\sqrt{5}}\left[\left(\frac{1+\sqrt{5}}{2}\right)^{k}\cdot\frac{3+\sqrt{5}}{2} - \left(\frac{1-\sqrt{5}}{2}\right)^{k}\cdot\frac{3-\sqrt{5}}{2}\right] \\
&= \frac{1}{\sqrt{5}}\left\{\left(\frac{1+\sqrt{5}}{2}\right)^{k+2} - \left(\frac{1-\sqrt{5}}{2}\right)^{k+2}\right\}
\end{aligned}$$

これは $n=k+1$ のときも等式が成り立つことを示している．［Ⅰ］，［Ⅱ］より，すべての自然数 n について成り立つ．

［3］同時併行型

問題３－４で利用したように，同時に二つの命題を証明するタイプである．高校数学においても，まれに登場するようである．

問題Ｂ－３

$\sin nx\cdot\sin x,\ \cos nx$ はそれぞれ $\cos x$ の整式として表せることを示せ．

［Ⅰ］ $n=1$ のとき

$$\sin nx\cdot\sin x = \sin^2 x = -\cos^2 x + 1$$

$$\cos nx = \cos x$$

よって成立する．

［Ⅱ］ $n=k$ のとき成立と仮定する．

$$\cos(k+1)x=\cos(kx+x)$$
$$=\cos kx\cdot\cos x-\sin kx\cdot\sin x$$

$$\sin(k+1)x\cdot\sin x$$
$$=-\frac{1}{2}\{\cos(kx+2x)-\cos kx\}$$
$$=-\frac{1}{2}(\cos kx\cdot\cos 2x-\sin kx\cdot\sin 2x-\cos kx)$$
$$=-\frac{1}{2}\{\cos kx\cdot(2\cos^2 x-1)-2\sin kx\cdot\sin x\cdot\cos x-\cos kx\}$$

仮定より，$n=k+1$ のとき成立．

［Ⅰ］，［Ⅱ］より，証明された

［4］二重帰納法

問題6－15において利用したが，自然数の組についての命題 $P(n,\ m)$ を証明するタイプである．高校数学ではほとんど見かけないタイプである．

証明の形式は次の通りである．

（Ⅰ） $P(1,\ m)$，$P(n,\ 1)$ がすべての m, n について正しい．

（Ⅱ） $P(k+1,\ l)$，$P(k,\ l+1)$ が正しいことを仮定して，$P(k+1,\ l+1)$ が正しいことを示す．

以上2つのステップにより，すべての n, m について $P(n,\ m)$ が正しいことが証明できる．なぜならば，

$P(1,\ 2)$ と $P(2,\ 1)$ が真なら（Ⅱ）により $P(2,\ 2)$ が真

$P(2,\ 2)$ と $P(1,\ 3)$ が真より（Ⅱ）から $P(2,\ 3)$ が真

以上の操作をくり返すことにより，すべての m について $P(2,\ m)$ が真

今度は $P(3,\ m)$ の段について，同様に（Ⅱ）を適用すればよい．

図B

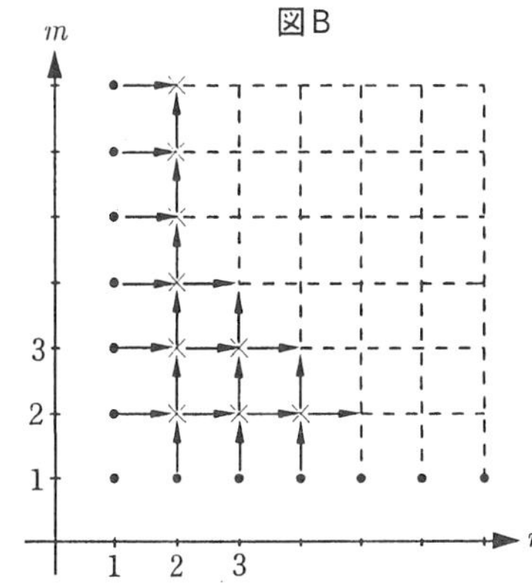

以下同様にして，$P(n,\ m)$が真となる．（図Ｂ参照.）

その他，バリエーションは存在する．

問題Ｂ－４

連続するn個の自然数の積が１からnまでの積で割り切れることを証明せよ．

$$P(n,\ m): \frac{m(m+1)\cdot\cdots\cdot(m+n-1)}{1\cdot 2\cdot\cdots\cdot n} \in N$$

を証明せよということである．

（Ｉ）は明白なので（II）のみ示す．

$$P(k+1,\ l),\ P(k,\ l+1) \Longrightarrow P(k+1,\ l+1)$$

を示すことより，

$$\frac{l(l+1)\cdot\cdots\cdot(l+k)}{1\cdot 2\cdot\cdots\cdot k\cdot(k+1)},\ \ \frac{(l+1)\cdot\cdots\cdot(l+k)}{1\cdot 2\cdot\cdots\cdot k} \in N$$

を仮定して，

$$\frac{(l+1)\cdot\cdots\cdot(l+k)\cdot(l+k+1)}{1\cdot\cdots\cdot k\cdot(k+1)} \in N \qquad \cdots①$$

を示せばよい．

$$\begin{aligned}&(①\text{の左辺})\\&=\frac{(l+1)\cdot\cdots\cdot(l+k)\cdot l}{1\cdot\cdots\cdot k\cdot(k+1)}\\&\qquad+\frac{(l+1)\cdot\cdots\cdot(l+k)\cdot\cancel{(k+1)}}{1\cdot\cdots\cdot k\cdot\cancel{(k+1)}}\end{aligned}$$

仮定の式より各々が割り切れて自然数となる．

よって証明された．

Appendix　C

問題1－3，11－1において，レームス・シュタイナー問題即ち，「△ABCにおいて，∠B, ∠Cの内角の二等分線の長さが等しいならばAB＝ACが成立する．」を取り上げた．

ここでは平面幾何による証明を紹介する．レームス・シュタイナー問題についてはたくさんの証明が存在する．次はその一例である．

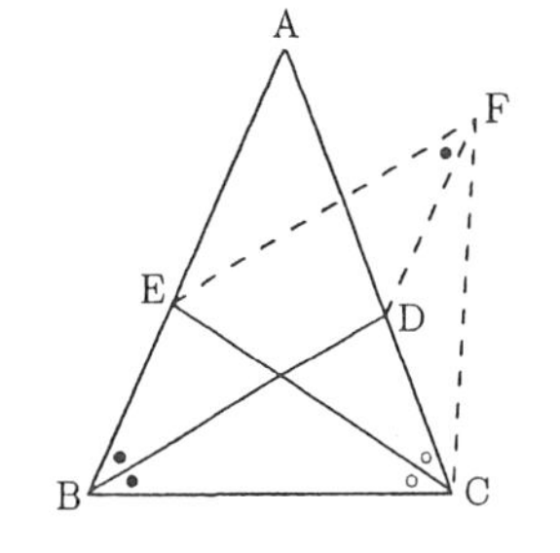

［証明］ まず，BDとBEを2辺とする平行四辺形EBDFをつくる．

(ｉ) AB > AC と仮定すると，

$$\angle ACB > \angle ABC$$

△EBCと△DCBにおいて，BCは共通，

BD = CE, ∠ECB > ∠DBC より，BE > CD

また，これとBE = DFから，DF > CD

△DCFにおいて，DF > CDから∠DCF > ∠DFC　…①

一方，∠DCE > ∠DBE, ∠DBE = ∠DFEから，∠DCE > ∠DFE　…②

△ECFにおいて，①＋②から，∠ECF > ∠EFC

∴　EF > CE

これと，EF = BDから，BD > CE

これはBD = CEに反する

(ⅱ)同様にAB < ACと仮定すると，BD < CEとなり，BD = CEに反する

(ｉ)，(ⅱ)より，AB = ACであることが示された．

Appendix D

ここには第15章の演習問題のヒントあるいは略解をのせる．前半にヒントあるいは略解を置き，後半に求答問題の答をのせてある．

（ヒントあるいは略解）

１．$n=3k,\ 3k+1,\ 3k+2$ に場合分けして確率を求める．

２．$\dfrac{1}{\sqrt{n+1}}<\displaystyle\int_n^{n+1}\frac{dx}{\sqrt{x}}<\frac{1}{\sqrt{n}}$ を利用する．

３．$d_n=\dfrac{1}{(n+1)(n+2)}-\dfrac{1}{2^{n+2}}$

４．正射影の求め方は問題４－２を参照．

５．$3n-2,\ 1\leqq n\leqq 34$ より20個選ぶ．

$(3n_i-2)+(3n_j-2)=104$ より $n_i+n_j=36$ ．

ディリクレの部屋割り論法を利用する．

６．問題12－９参照．

７．$n=3,\ 4,\ 5,\ 6,\ 7,\ 8,\ \cdots$ の場合に既約分数のリストを書き並べ規則性を見出す．

８．$\alpha=\dfrac{p}{q}$ （既約分数）とおき，まず α が整数であることを示す．その後は問題14－16を参照．

９．$0<b<a$ として $x=\dfrac{a}{b}>1$ の不等式に一般化する．

１０．特別な場合として，Q(2, 0) とおき，△OPQが正三角形の場合の f による像を考える．

１１．対称性から，$a<b<c$ として考える．

１２．$m^2=2^8+2^{11}+2^n$ と式を作る．

１３．$f^{(n)}(x)$ が $\tan x$ の $(n+1)$ 次式で，係数はすべて非負であることを示す．実は $f^{(2k)}(0)=0$ が成立する．

１４．間接証明および３数の相加相乗平均の不等式の利用を考える．

１５．3, 4, 5の直角三角形を実現するために，Bを中心として60°回転してみる．（ローテーション的シンメトリー）

１６．部屋割り論法によって，要素の和が等しい２つの部分集合 $X,\ Y$ の存在を示す．そして$S=X-X\cap Y$, $T=Y-X\cap Y$とおく．

１７．$a=2n$, $4n+1$, $4n+3$と場合分けする．

１８．kから$k+1$に対応する，nから$2n$への数学的帰納法．

また３つの数の偶奇に部屋割り論法を適用する．

１９．累積帰納法．展開式では２進法展開を考慮する．

２０．$a=\min\{x_k\}$, $b=\max\{x_k\}$とおくと，必要ならばx_kを$-x_k$とおくことにより，$|a|>b$として考える．$\frac{|a|}{2}\leqq b$ならばO. K.なので，$b<\frac{|a|}{2}$とおく．区間列，$\cdots$, $\left[\frac{|a|}{2^n}, \frac{|a|}{2^{n-1}}\right)$, $\cdots$, $\left[\frac{|a|}{8}, \frac{|a|}{4}\right)$, $\left[\frac{|a|}{4}, \frac{|a|}{2}\right)$の少なくとも１つの区間に２つの実数$x_i$, x_jが含まれることを示す．

２１．（ｉ）$v>0$　（ii）$v>u$の順で証明する．（ii）では背理法を利用する．

２２．$(\sqrt{2}-1)^k=\sqrt{N_k}-\sqrt{N_k-1}$とおき，帰納法による証明を試みてもStep IIにおいて失敗する．失敗の過程を振り返り，もとの命題よりも強い条件，$\sqrt{2}\sqrt{N_k}\sqrt{N_k-1}\in\mathbb{Z}$を加えた形に命題を再形式化して証明する．

２３．３つの傍接円の半径をr_A, r_B, r_Cとおくと，$\triangle \mathrm{I_A I_B I_C}=\frac{1}{2}s(r_\mathrm{A}+r_\mathrm{B}+r_\mathrm{C}-r)$，$s=\frac{a+b+c}{2}$が成り立つ．

（求答問題の答）

２．18

３．$\frac{1}{4}$

４．$\mathrm{A}':5x^2-4x+y^2=0$

$A'':xz$平面上の直線，$2x+z=1$の$(x-2)^2+(z-1)^2\leqq 4$に含まれる部分

１０．$\begin{pmatrix}-2 & 0\\ 0 & 2\end{pmatrix}$, $\begin{pmatrix}1 & -\sqrt{3}\\ \sqrt{3} & 1\end{pmatrix}$

１１．(2, 3, 4), (2, 3, 5), (2, 3, 6), (2, 3, 7)

１２．$n=12$

１５．$\sqrt{25+12\sqrt{3}}$

１７．$a\risingdotseq 4n+1$

２１．$v>u$

参考文献

秋月康夫（1968）；数学的な考え，明治図書

市川伸一（1998）；確率の理解を探る，共立出版

小針晛宏（1996）；Ⅰ・Ⅱ・Ⅲ…∞，日本評論社

中澤貞治（1990）；数学教室の窓から，現代数学社

塚原成夫（1994）；高校数学による発見的問題解決法，東洋館出版社

塚原成夫（1995）；発見的方法，Ｂａｓｉｃ数学２月－１２月号，現代数学社

Cofman, J. (1990)；What to Solve?, Clarendon Press, Oxford

Engel, A. (1998)；Problem-Solving Strategies, Springer-Verlag, New York

Erickson, M. & Flowers, J. (1999)；Principles of Mathematical Problem Solving, Prentice Hall, New Jersey

Honsberger, R. (1997)；In Polya's Footsteps, Mathematical Association of America

Krantz, S. G. (1997)；Techniques of Problem Solving, American Mathematical Society

Krulik, S. & Rudnick, J. A. (1989)；Problem Solving, Allyn & Bacon, Boston

Larson, L. (1983)；Problem-Solving Through Problem, Springer-Verlag, New York

Polya, G. (1954)；Mathematics and Plausible Reasoning, Princeton University Press

Polya, G. (1981)；Mathematical Discovery(Conbined Edition), John Wiley & Sons, New York

Schoenfeld, A. H. (1985)；Mathematical Problem Solving, Academic Press, New York

その他，教科書，問題集等の問題も参考にした．なお１題毎に引用を付しきれなかったことをおことわり申し述べておく．

著者紹介：

塚原 成夫（つかはら・しげお）

東京大学法学部を卒業後，
京都大学理学部数学系，
筑波大学大学院博士課程
をへて開成学園に勤務

新版　数学的思考の構造

2022年10月21日　　初版第1刷発行

著　　者　　塚原成夫

発 行 者　　富田　淳

発 行 所　　株式会社　現代数学社

〒606-8425
京都市左京区鹿ヶ谷西寺ノ前町1
TEL 075 (751) 0727　FAX 075 (744) 0906
https://www.gensu.co.jp/

装　　幀　　中西真一（株式会社 CANVAS）

印刷・製本　　亜細亜印刷株式会社

ISBN978-4-7687-0593-3　　2022 Printed in Japan